高职高专"十三五"规划教材

电路分析与仿真学习指导

李　涛　孙宏伟　主编

北京航空航天大学出版社

内 容 简 介

本书是《电路分析与仿真教程》的配套学习指导。全书内容共 9 章：电路的基本概念、电阻电路的等效变换、电阻电路的一般分析方法、线性电路的基本定理、正弦交流电路、三相正弦交流电路、互感耦合电路、磁路与变压器、一阶动态电路。各章均由本章要求、学习指导、例题详解、章节练习 4 个部分组成。书后还配有题型多样、共 500 分的练习题，是电路分析与仿真课程学习和深入掌握课程知识的全面辅助教材。

本书可作为正在学习电路基本分析课程的高职高专学生的课程指导、复习用书，也可供相关专业有关科技人员参考。

图书在版编目(CIP)数据

电路分析与仿真学习指导 / 李涛，孙宏伟主编. -- 北京 ：北京航空航天大学出版社，2015.8

ISBN 978-7-5124-1840-0

Ⅰ. ①电… Ⅱ. ①李… ②孙… Ⅲ. ①电路分析－高等学校－教学参考资料②电路－计算机仿真－高等学校－教学参考资料 Ⅳ. ①TM133②TN702

中国版本图书馆 CIP 数据核字(2015)第 182092 号

电路分析与仿真学习指导

李 涛 孙宏伟 主编

责任编辑 罗晓莉

*

北京航空航天大学出版社出版发行

北京市海淀区学院路 37 号(邮编 100191) http://www.buaapress.com.cn

发行部电话：(010)82317024 传真：(010)82328026

读者信箱：goodtextbook@126.com 邮购电话：(010)82316936

涿州市新华印刷有限公司印装 各地书店经销

*

开本：710×1 000 1/16 印张：8 字数：170 千字

2015 年 8 月第 1 版 2019 年 8 月第 2 次印刷 印数：3 001～5 000 册

ISBN 978-7-5124-1840-0 定价：26.00 元

前 言

电路分析是电气信息类专业的一门重要的专业基础课，具有理论性强、物理概念多、数学要求高、解题方法灵活的特点。为了使学生更好地理解和掌握该课程的基本内容、基本分析方法和解题方法，提高分析问题和解决问题的能力，我们编写本书作为《电路分析与仿真教程》(ISBN：978－7－5124－3033－4)的配套教材。

本书与《电路分析与仿真教程》一书的章节安排一致，各章均由四个部分组成：

第一部分依据教育部"高职高专教育电工技术基础课程教学基本要求"，并结合后续学习的需要，将学习内容分为"掌握内容"、"熟悉内容"和"了解内容"三个层次，分别提出了不同的学习要求。

第二部分从学习辅导的角度出发，对《电路分析与仿真教程》一书的各章内容进行了扼要的归纳总结，对课程中的重点和难点进行了简明的阐述。

第三部分从内容提升的角度出发，精选例题，形成《电路分析与仿真教程》一书的重难点补充。每题均有详细解答，解题思路清晰，步骤完整，分析透彻，方法多样。注重理论知识在解题中的灵活应用，可对辅助电路分析课程教学和学生深入掌握课程知识起到积极作用。

第四部分从独立练习的角度出发，在每章都灵活安排填空题、判断题、选择题、计算题等多种题型，同时，在附录部分收录综合练习题，目的是让学生能自行检测知识掌握水平，并帮助学生应对电路基础知识的相关考试。

全书由李涛、孙宏伟担任主编，徐恒、陈晶瑾、汤素丽、杨怡、王艳、文思睿、刘玢、文福林、阳妮任副主编。其中第1、2、3、4章由李涛、徐恒、文思睿、刘玢编写，第5、7章由孙宏伟、阳妮编写，第6、8章由汤素丽、王艳编写，第9章由陈晶瑾、杨怡编写，第10章由孙宏伟、文福林共同编写。李涛负责全书统稿。

本书可作为正在学习“电路分析与仿真”课程的高职高专学生的课程指导、复习用书，也可供相关专业有关科技人员参考。书中各练习题配有答案，如有需要请与出版社联系索取。

由于编者水平有限，书中的错误和不妥之处，敬请读者批评指正。

编 者

2015 年 5 月

目　　录

第1章　电路的基本概念

1.1　本章要求

1. 掌握内容

掌握电路分析的基本变量：电压、电流及参考方向的概念；

掌握功率的计算及元件吸收和产生功率的判断；

掌握电阻、电容、电感、理想电压源、理想电流源和受控电源等电路元件的伏安特性；

掌握基尔霍夫电流定律（KCL）和基尔霍夫电压定律（KVL）。

2. 熟悉内容

熟悉电路中支路、节点、回路和网孔的概念；

熟悉电位的概念及计算方法，区分电位和电压的关系。

1.2　学习指导

1. 电路基本概念

实际电路：由电路部件和电器器件按预期的目的连接构成的电流通路。

电路模型：反映实际电路部件的主要电磁性质的理想电路元件及其组合。

理想电路元件：有某种确定电磁性能的理想元件。

电路中的主要物理量有电压、电流、电荷、磁链、能量、电功率等。在线性电路分析中人们主要关心的物理量有电流、电压和功率。

2. 参考方向

电流的参考方向：任意假定一个正电荷运动的方向即为电流的参考方向。分析时：若参考方向与实际方向一致，则 $i>0$，反之 $i<0$。

电压的参考方向：高电位指向低电位的方向。分析时：若参考方向与实际方向一致，则 $u>0$，反之 $u<0$。

关联参考方向：元件或支路的 u，i 采用相同的参考方向则称为关联参考方向。反之，称为非关联参考方向。

3. 功　率

电功率：单位时间内电场力所做的功。一个实际的电路中，电源发出的功率总是等于负载消耗的功率。

电路吸收或发出功率的判断：

(1) u，i 取关联参考方向

$p=ui$ 表示元件吸收的功率

$p>0$ 吸收正功率(实际吸收)

$p<0$ 吸收负功率(实际发出)

(2) u,i 取非关联参考方向

$p=ui$ 表示元件发出的功率

$p>0$ 发出正功率(实际发出)

$p<0$ 发出负功率(实际吸收)

4. 电位的概念

① 定义:某点的电位等于该点到电路参考点的电压。

② 规定参考点的电位为零,称为接地。

③ 电压用符号 U 表示,电位用符号 V 表示。

④ 两点间的电压等于两点的电位的差。

⑤ 注意电源的简化画法。

5. 电路元件

电路元件:电路中最基本的组成单元。

五种理想的电路元件包括:

① 电阻元件:表示消耗电能的元件。

② 电感元件:表示产生磁场,储存磁场能量的元件。

③ 电容元件:表示产生电场,储存电场能量的元件。

④ 电压源和电流源:表示将其他形式的能量转变成电能的元件。

6. 基尔霍夫定律

(1) 基尔霍夫定律几个概念

支路:电路的一个分支。

节点:三条(或三条以上)支路的联接点。

回路:由支路构成的闭合路径。

网孔:电路中无其他支路穿过的回路。

(2) 基尔霍夫电流定律

① 定义:任一时刻,流入一个节点的电流的代数和为零。或者说:流入的电流等于流出的电流。

② 可以推广到一个闭合面。

(3) 基尔霍夫电压定律

① 定义:经过任何一个闭合的路径,电压的升等于电压的降。或者说:在一个闭合的回路中,电压的代数和为零。或者说:在一个闭合的回路中,电阻上的电压降之和等于电源的电动势之和。

② 可以推广到一个非闭合回路。

(4) 基尔霍夫定律总结

① KCL 是对支路电流的线性约束，KVL 是对回路电压的线性约束。

② KCL、KVL 与组成支路的元件性质及参数无关。

③ KCL 表明在每一节点上电荷是守恒的；KVL 是能量守恒的具体体现（电压与路径无关）。

④ KCL、KVL 方程是按参考方向列写的，与实际方向无关。

⑤ KCL、KVL 只适用于集总参数的电路。

7. 基本公式

电阻元件伏安特性：$I=\dfrac{U}{R}$，$I=\dfrac{E}{r_0+R}$

电感元件伏安特性：$u_L=L\dfrac{\mathrm{d}i}{\mathrm{d}t}$

电容元件伏安特性：$i=\dfrac{\mathrm{d}q}{\mathrm{d}t}=C\dfrac{\mathrm{d}u}{\mathrm{d}t}$

KCL、KVL 定律　　$\sum I(i)=0$，$\sum U(u)=0$

一段电路的电功率　　$P=U_{ab}\times I_{ab}$

电阻上的电功率　　$P=U\times I=I^2\times R=\dfrac{U^2}{R}$

电能　　$W=P\times t$

1.3　例题详解

1. 计算图 1-1 电路中 a、b 两端的开路电压 U_{ab}。

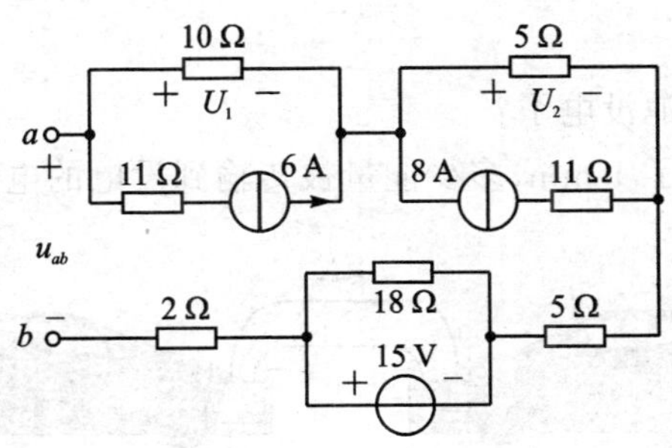

图 1-1

解：$U_{ab}=U_1+U_2-15\ \text{V}=(-10\ \Omega\times 6\ \text{A})+5\ \Omega\times 8\ \text{A}-15\ \text{V}=-35\ \text{V}$

2. 如图 1-2 所示，一个 3 A 的理想电流源与不同的外电路相接，求 3 A 电流源三种情况下供出的功率。

解：

(a) 电流源输出功率 $P=I_S^2R=(3\ \text{A})^2\times 2\ \Omega=18\ \text{W}$

(b) 电流源输出功率 $P=I_SV=3\ \text{A}\times 5\ \Omega=15\ \text{W}$

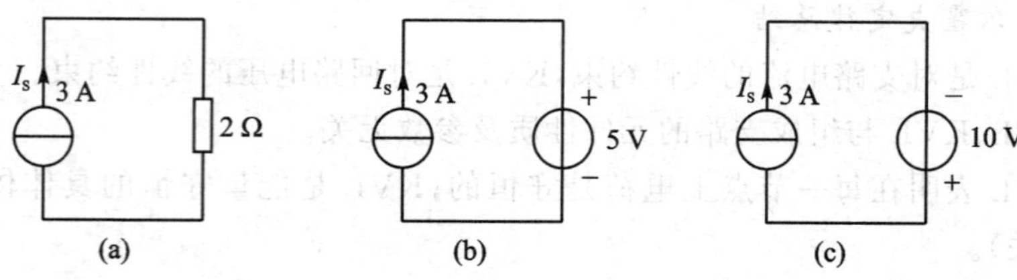

图 1-2

(c) 电流源吸收功率 $P=I_SV=3\ \text{A}\times(-10\ \text{V})=-30\ \text{W}$

3. 电路中电流和电压参考方向如图 1-3 所示。求下列各种情况下的功率，并说明功率的流向。

(1) $i=2$ A，$u=100$ V；

(2) $i=-5$ A，$u=120$ V；

(3) $i=3$ A，$u=-80$ V；

(4) $i=-10$ A，$u=-60$ V。

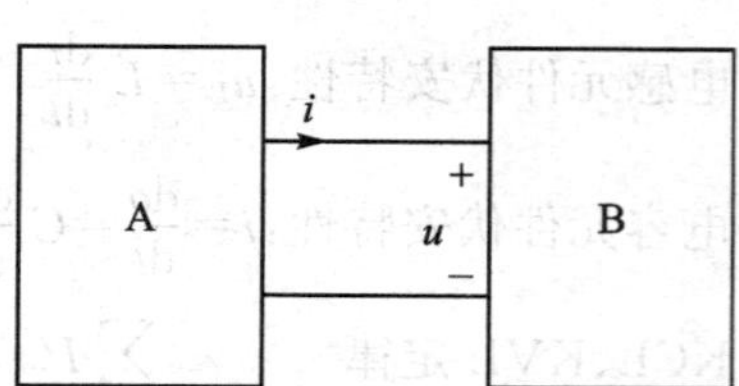

图 1-3

解：(1) A：$p=-ui=-200$ W(提供功率)；B：$p=ui=200$ W(吸收功率)

(2) A：$p=-ui=600$ W(吸收功率)；B：$p=ui=-600$ W(提供功率)

(3) A：$p=-ui=240$ W(吸收功率)；B：$p=ui=-240$ W(提供功率)

(4) A：$p=-ui=-600$ W(提供功率)；B：$p=ui=-600$ W(吸收功率)

4. 当汽车的蓄电池没电时，通常可以通过与其他汽车电池连接来充电。电池的正端连在一起，负端连接在一起，如图 1-4 所示。假定图中电流 i 测量值为 30 A。问：

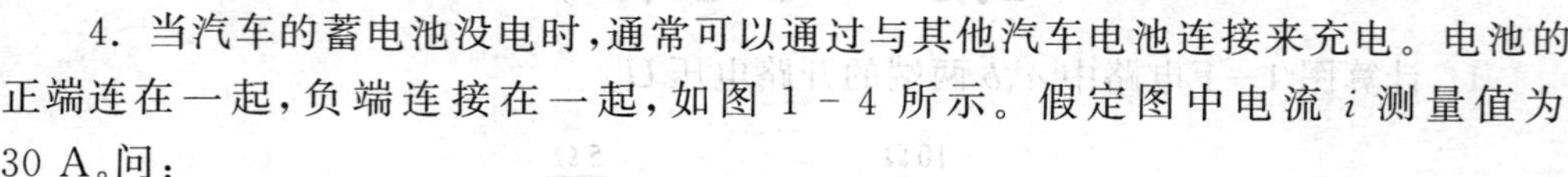

(1) 哪辆小汽车电池没电了？

(2) 如果连接持续了 1 min，多少能量被传输到没电的电池里？

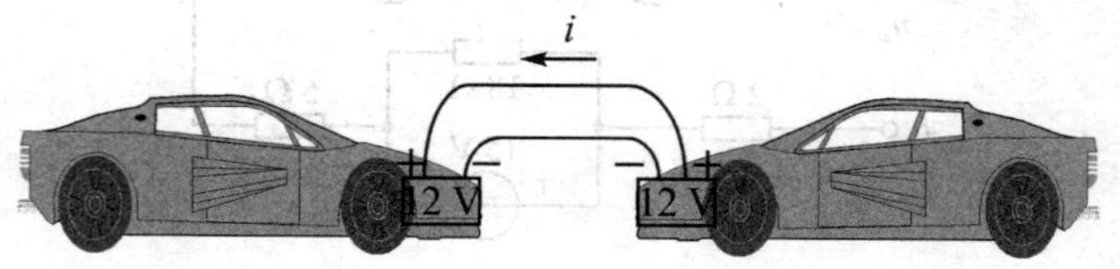

图 1-4

解：(1) 由电流方向可知，左边小车电池没电。

(2) 持续 1 min，传输能量：$W=12\times30\times60=21.6$ kJ

5. 在如图 1-5 所示的电路中，已知 $I_1=0.01$ A，$I_2=0.3$ A，$I_5=9.61$ A，试求电流 I_3、I_4、I_6。

解：由 KCL 得：$I_1+I_2=I_3$，$I_3+I_4=I_5$，$I_4+I_2=I_6$，$I_1+I_6=I_5$

所以 $$I_6=I_5-I_1=9.61\ \text{A}-0.01\ \text{A}=9.6\ \text{A}$$

$$I_4 = I_6 - I_2 = 9.6\ \text{A} - 0.3\ \text{A} = 9.3\ \text{A}$$

$$I_3 = I_1 + I_2 = 0.01\ \text{A} + 0.3\ \text{A} = 0.31\ \text{A}$$

6. 如图 1-6 所示，计算：(1)电压 U_{ab}(使用基尔霍夫电压定律)；(2)电流 I。

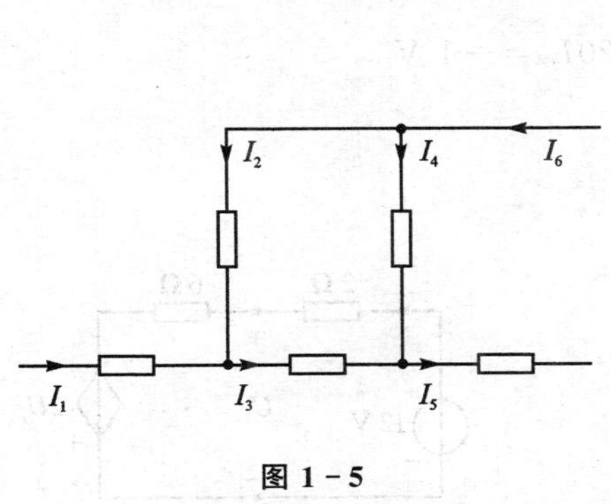

图 1-5

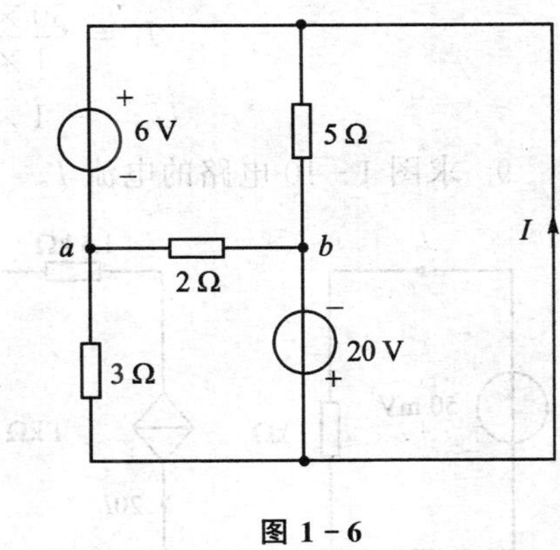

图 1-6

解：设 4 个电流变量如图 1-7 所示，则顺时针列写 3 个 KVL 方程：

$$\left.\begin{aligned} -6\ \text{A} + 5I_1 - 2I_3 &= 0 \\ 2I_3 - 20\ \text{A} - 3I_2 &= 0 \\ -6\ \text{A} - 3I_2 &= 0 \end{aligned}\right\}$$

联立 3 个方程得： $I_1 = 4\ \text{A}, I_2 = -2\ \text{A}, I_3 = 7\ \text{A}$

所以： $U_{ab} = 2\ \Omega \times I_3 = 14\ \text{V}, I = I_1 - I_4 = I_1 - (-I_2 - I_3) = 9\ \text{A}$

7. 计算图 1-8 电路中的 $U_0, U_{03}, U_2, U_{23}, U_{12}$ 和 I_1。

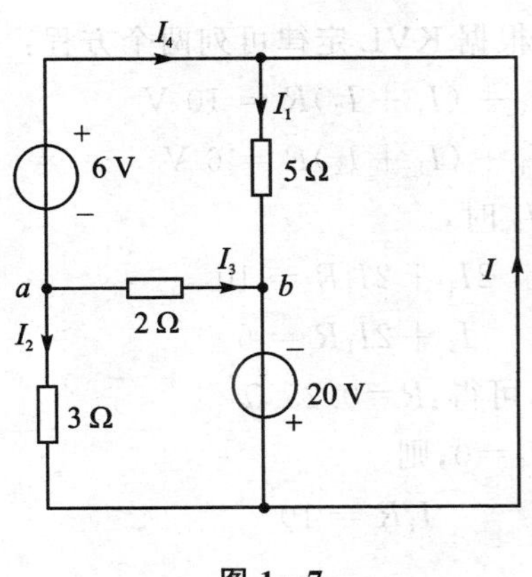

图 1-7

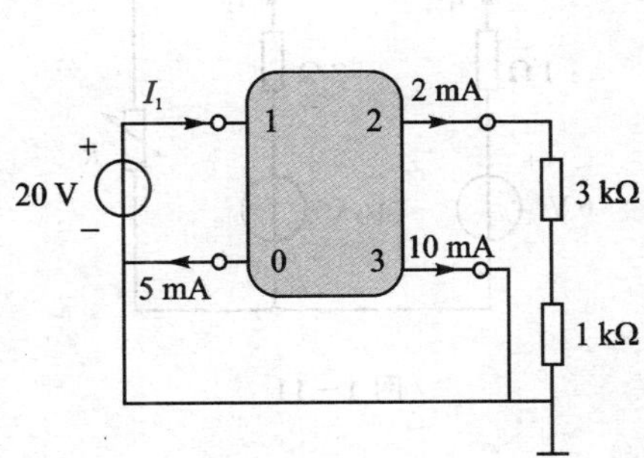

图 1-8

解：

$$U_0 = 0\ \text{V}, U_{03} = 0\ \text{V}, U_2 = (3\ \text{k}\Omega + 1\ \text{k}\Omega) \times 2\ \text{mA} = 8\ \text{V}$$

$$U_{23} = (3\ \text{k}\Omega + 1\ \text{k}\Omega) \times 2\ \text{mA} = 8\ \text{V}, U_{12} = 20\ \text{V} - (3\ \text{k}\Omega + 1\ \text{k}\Omega) \times 2\ \text{mA} = 12\ \text{V}$$

由广义 KCL 可得：$I_1 = 5\ \text{mA} + 2\ \text{mA} + 10\ \text{mA} = 17\ \text{mA}$

8. 求图 1－9 所示电路中的电压 U_0。

解：

$$I_1 = \frac{50 \times 10^{-3}\ \text{V}}{1 \times 10^3\ \Omega} = 5 \times 10^{-5}\ \text{A}$$

$$U_0 = -1 \times 10^3\ \Omega \times 20 I_1 = -1\ \text{V}$$

9. 求图 1－10 电路的电流 I。

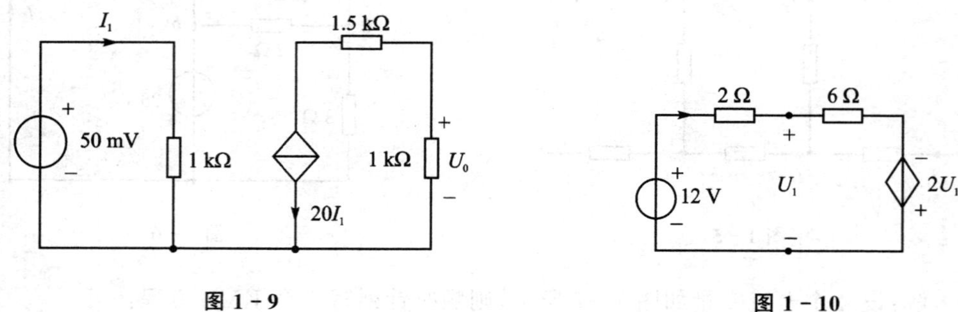

图 1－9　　　　图 1－10

解：先暂时把受控源当独立源处理，然后找出控制变量的约束表达式

KVL：　　$(2\ \Omega + 6\ \Omega)I - 2U_1 - 12\ \text{V} = 0$

控制量：　　$U_1 = -2I + 12\ \text{V}$

联立可得：　　$U_1 = 6\ \text{V}, I = 3\ \text{A}$

10. 如图 1－11 所示电路，求：(1) R 为何值时，$I_1 = I_2$；(2) R 为何值时，可令 $I_1 = 0$ 或者 $I_2 = 0$。

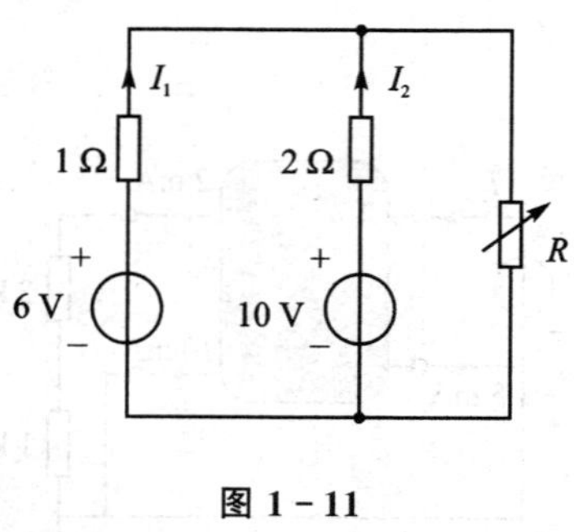

图 1－11

解：(1) 根据 KVL 定律可列两个方程：

$$2I_2 + (I_1 + I_2)R = 10\ \text{V}$$

$$I_1 + (I_1 + I_2)R = 6\ \text{V}$$

当 $I_1 = I_2$ 时，

$$2I_1 + 2I_1 R = 10$$

$$I_1 + 2I_1 R = 6$$

消去 I_1，可得：$R = 0.25\ \Omega$

(2) 当 $I_2 = 0$，则

$$I_1 R = 10$$

$$I_1 + I_1 R = 6$$

消去 I_1，得 $R = -0.4\ \Omega$，此时电阻为负。

当 $I_1 = 0$，则

$$2I_2 + I_2 R = 10$$

$$I_2 R = 6$$

消去 I_1，得 $R = 3\ \Omega$。

1.4 章节练习

(一) 填空题

1. KCL 定律是对电路中各支路＿＿＿＿＿＿之间施加的线性约束关系。

2. KVL 定律是对电路中各支路＿＿＿＿＿＿之间施加的线性约束关系。

3. 图 1－12(a)所示电路中含有＿＿＿＿＿＿节点，＿＿＿＿＿＿支路，＿＿＿＿＿＿回路，＿＿＿＿＿＿网孔；图 1－11(b)所示电路中含有＿＿＿＿＿＿节点，＿＿＿＿＿＿支路，＿＿＿＿＿＿回路，＿＿＿＿＿＿网孔。

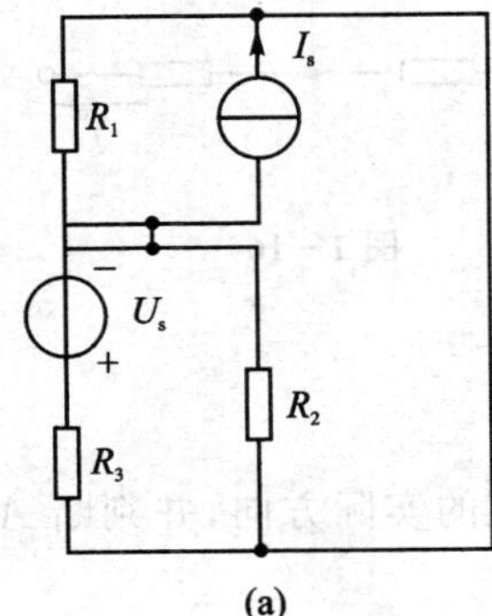

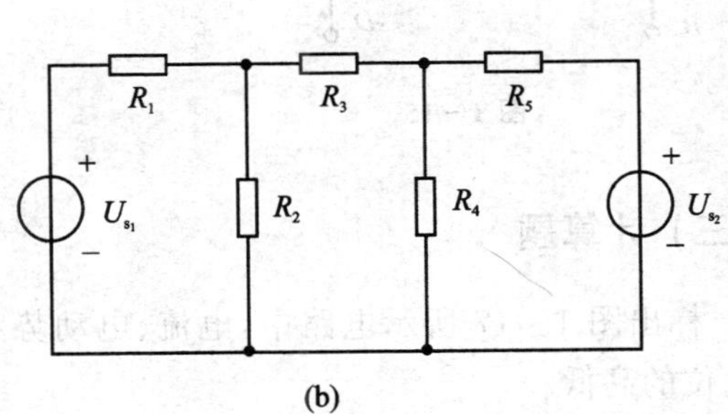

图 1－12

(二) 单项选择题

1. 如图 1－13 所示，已知 $E=5$ V，$R=10$ Ω，$I=1$ A，则电压 $U=$(　　)V。

A. 15　　B. 5　　C. －5　　D. 10

2. 将一只 10 V，1 W 的电阻接在 5 V 的电压上，则电阻实际消耗的功率为(　　)W。

A. 0.25　　B. 0.5　　C. 0.75　　D. 1

3. 电路如图 1－14 所示，6 V 电压源吸收的功率为(　　)W。

A. 24　　B. 20　　C. －24　　D. －20

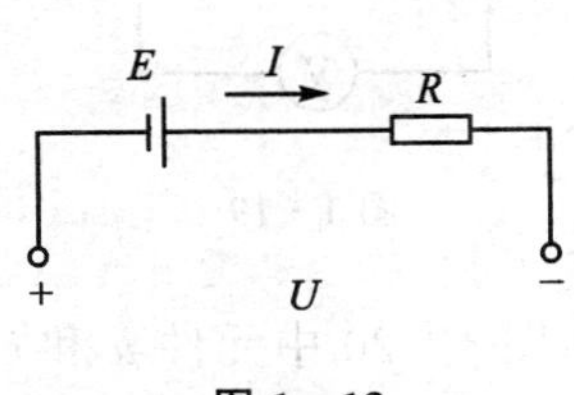

图 1－13

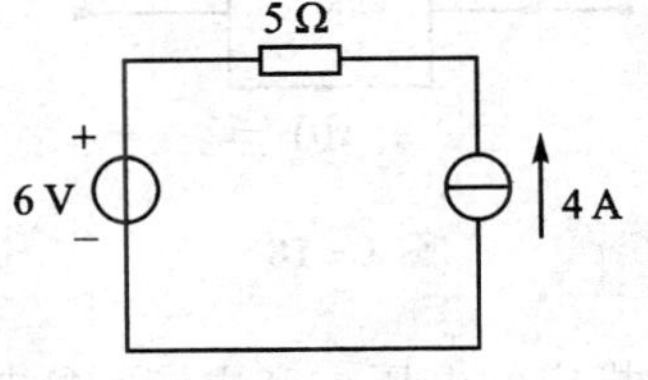

图 1－14

4. 如图 1－15 所示电路，比较以下几种情况 A、C 两点电位的高低。

（1）用导线连接 B、C（　　）

（2）B、D 两点接地（　　）

（3）两电路无任何电气联系（　　）

A. $V_A > V_C$　　B. $V_A < V_C$　　C. $V_A = V_C$　　D. 无法判断

5. 在图 1－16 所示复杂电路中，电流 I=（　　）A。

A. －3　　B. 3　　C. －1　　D. 1

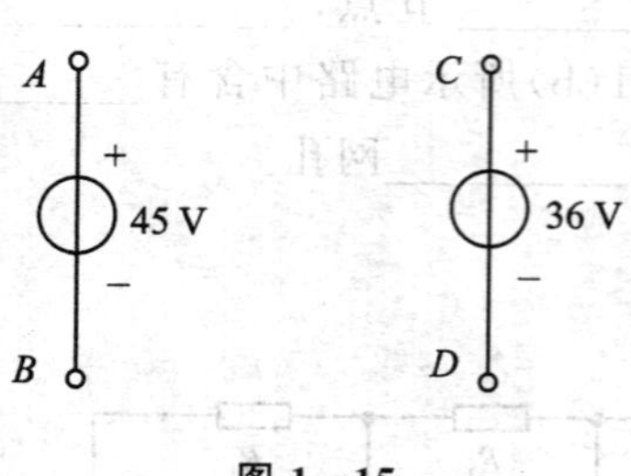

图 1－15

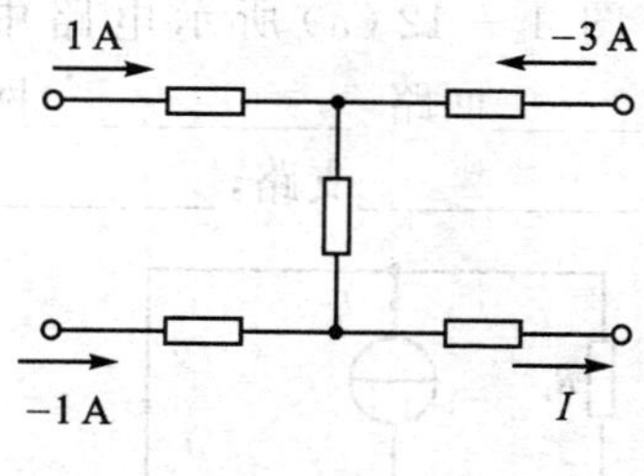

图 1－16

（三）计算题

1. 标出图 1－17 所示电路中，电流、电动势和电压的实际方向，并判断 A、B、C 三点电位的高低。

2. 如图 1－18 所示一段电路 N，电流、电压参考方向如图所示。

（1）若 $t=t_1$ 时，$i(t_1)=1$ A，$u(t_1)=3$ V，求 $t=t_1$ 时 N 吸收的功率 $P_N(t_1)$。

（2）若 $t=t_2$ 时，$i(t_2)=-1$ A，$u(t_2)=4$ V，求 $t=t_2$ 时 N 产生的功率 $P_N(t_2)$。

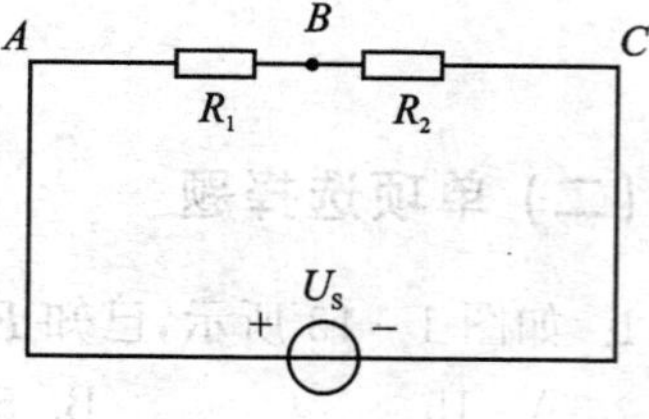

图 1－17

3. 如图 1－19 所示为一段直流电路 N，电流参考方向如图 1－19 所示，电压表内阻对测试电路的影响忽略不计，已知直流电压表读数为 5 V，N 吸收的功率为 10 W，求电流 I。

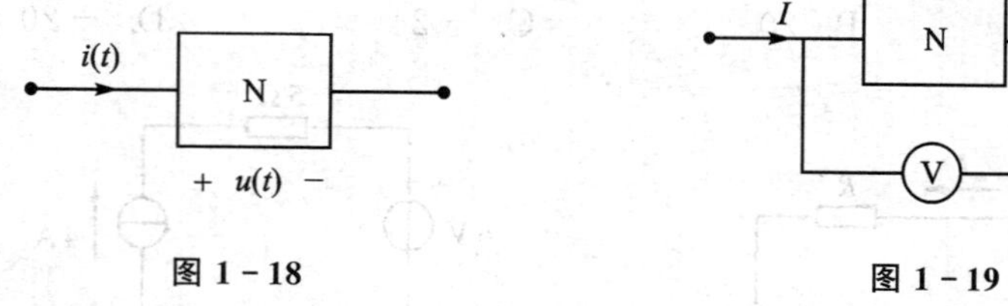

图 1－18　　图 1－19

4. 在指定的电压 u 和电流 i 参考方向下，写出图 1－20 中元件 u 和 i 的约束方程（VCR）。

5. 已知图 1－21 中电流 $I=2$ A，试求图中的电压 U_{ab}。

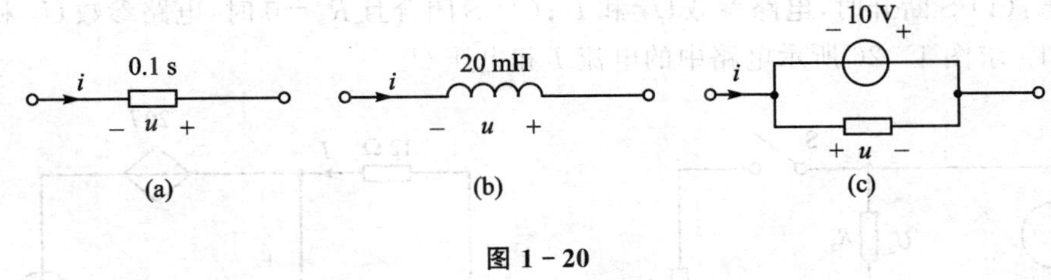

图 1－20

6. 在图 1－22 所示电路中，元件 A 吸收功率 30 W，元件 B 吸收功率 15 W，元件 C 产生功率 30 W，分别求出三个元件中的电流 I_1、I_2、I_3。

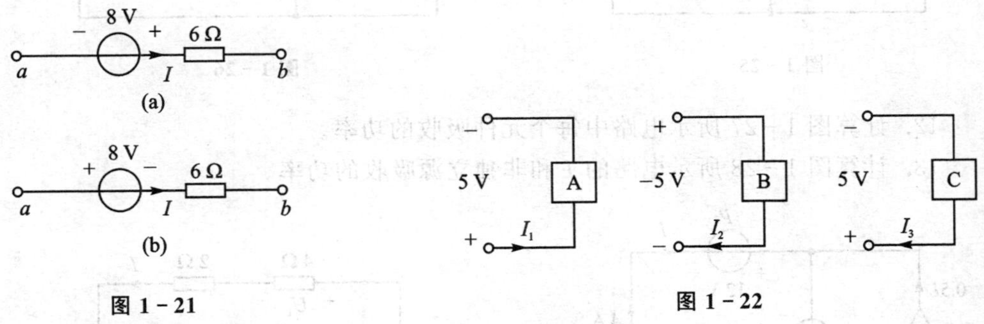

7. 在图 1－23 所示电路中，求各元件的功率。

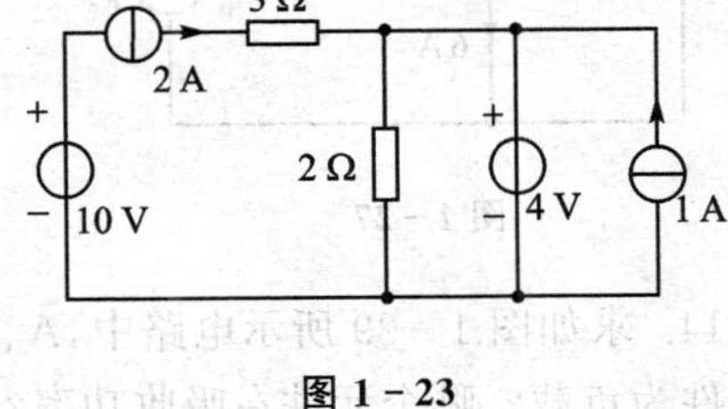

图 1－23

8. 已知一电烙铁铭牌上标出“25 W，220 V”。问电烙铁的额定工作电流为多少？其电阻为多少？

9. 部分家用电器设备的连接如图 1－24所示，其中空气开关的电流超过 20 A 则自动跳闸。

(1) 试用理想元件构造其电路模型；

(2) 确定每条并联支路的电流，判断空气开关是否会跳闸；

(3) 计算电源提供的功率。

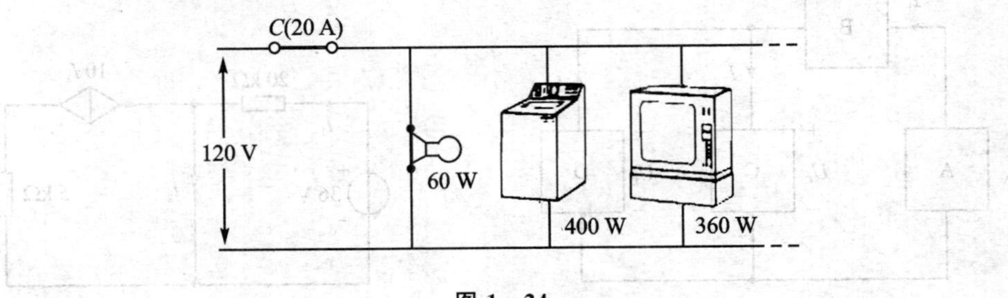

图 1－24

10. 如图 1－25 所示电路，已知 $U_S = 80$ V，$R_1 = 6$ kΩ，$R_2 = 4$ kΩ。

求：(1) S断开时，电路参数 U_2 和 I_2；(2) S闭合且 $R_3=0$ 时，电路参数 U_2 和 I_2。

11. 求图1-26所示电路中的电流 I 和电压 U。

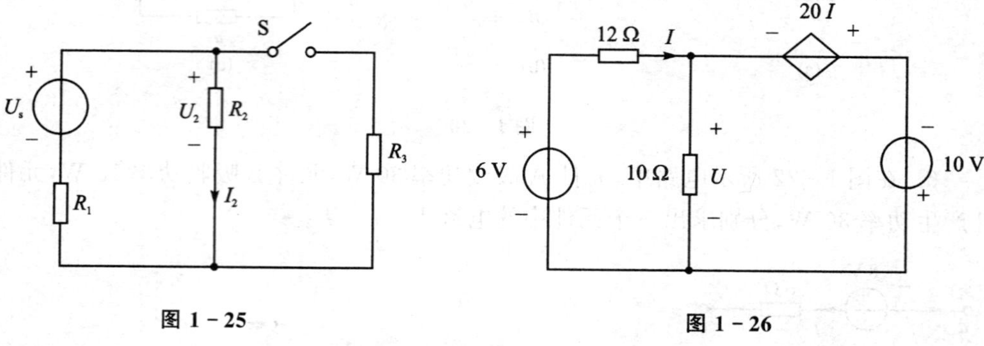

图1-25　　图1-26

12. 计算图1-27所示电路中每个元件吸收的功率。

13. 计算图1-28所示电路的 I 和非独立源吸收的功率。

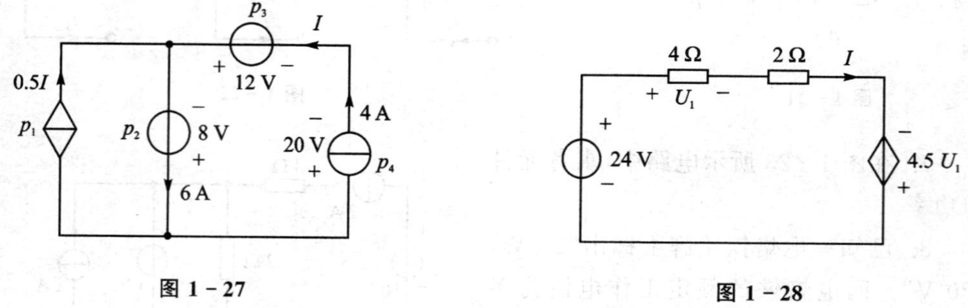

图1-27　　图1-28

14. 求如图1-29所示电路中，A、B、C、D元件的功率。问哪个元件为电源？哪个元件为负载？哪个元件在吸收功率？哪个元件在产生功率？电路是否满足功率平衡条件？

(已知 $U_A=30$ V，$U_B=-10$ V，$U_C=U_D=40$ V，$I_1=5$ A，$I_2=3$ A，$I_3=-2$ A)

15. 计算图1-30电路中的 U。

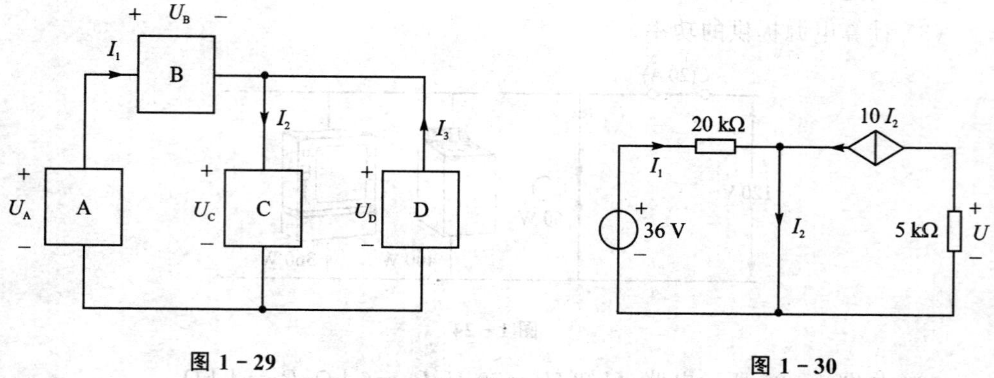

图1-29　　图1-30

16. 求图 1－31 所示电路中的电流 i。

17. 求图 1－32 电路中的开路电压 U。

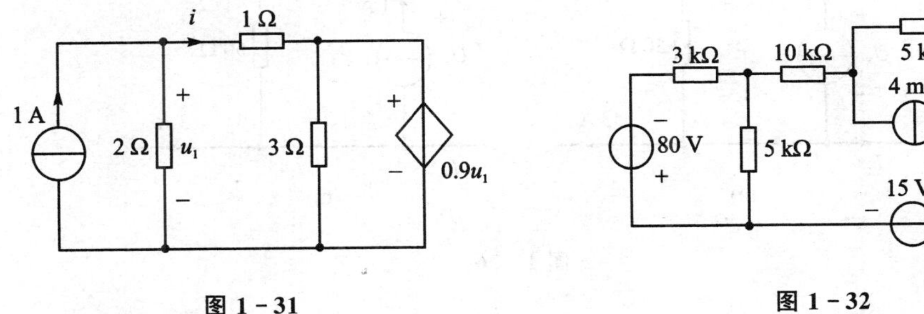

图 1－31

图 1－32

18. 求图 1－33 所示电路中的 I、U 值。

19. 求图 1－34 所示电路中的电流 I、电位 U_a 及电源 U_S 之值。

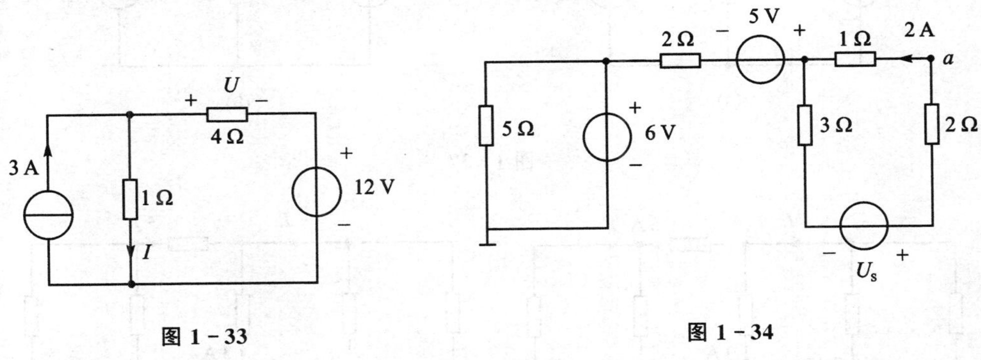

图 1－33

图 1－34

20. 求图 1－35 所示电路中电流 I。

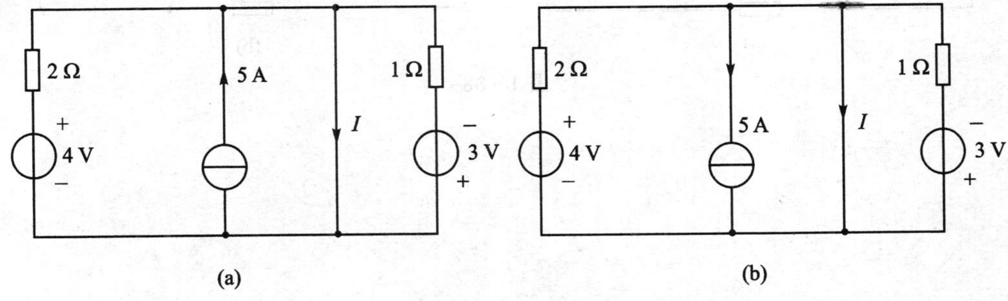

(a)

(b)

图 1－35

21. 求图 1－36 所示电路中的 U_x、I_x。

22. 电路如图 1－37 所示，试计算电流 I_1 和 I_2。

23. 根据基尔霍夫定律求，如图 1－38 所示电路中的电流 I_1 和 I_2。

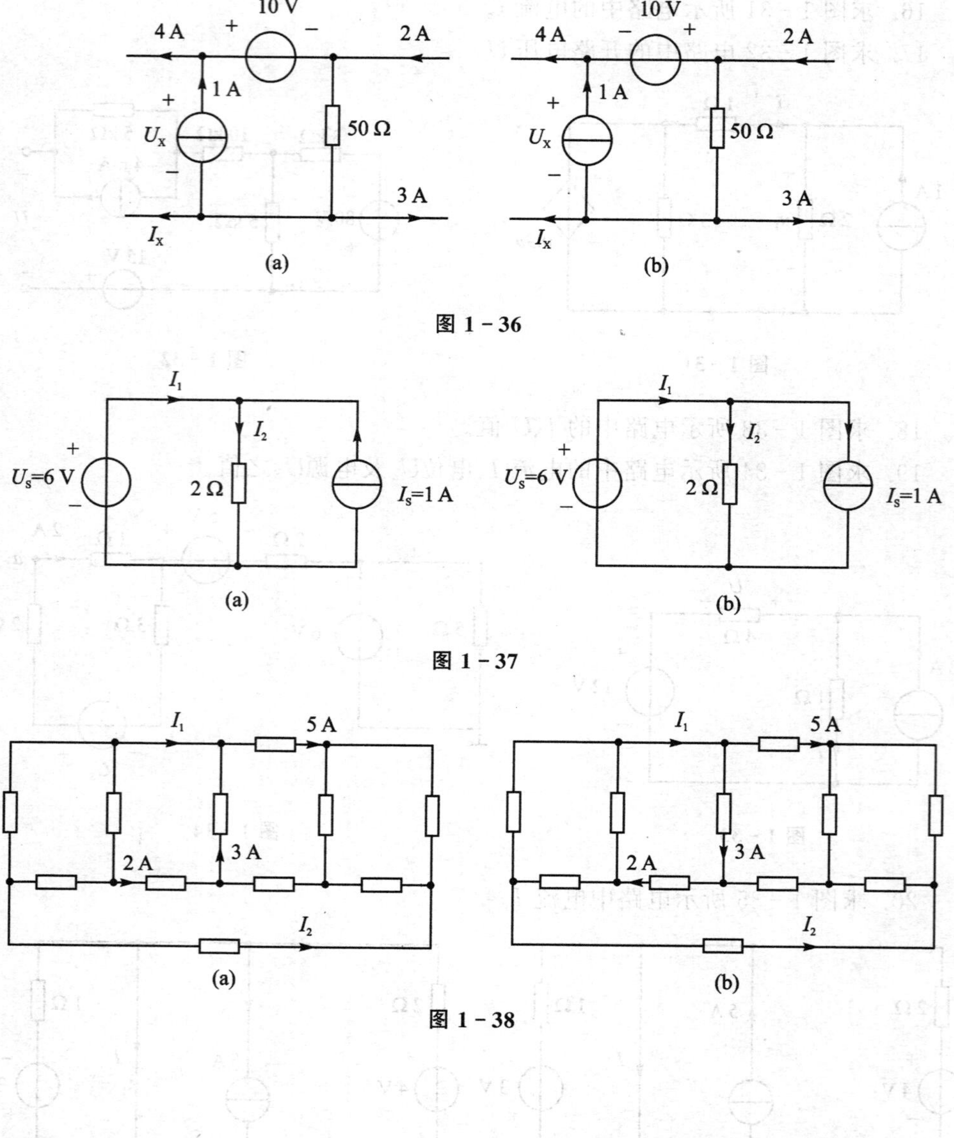

图 1-36

图 1-37

图 1-38

第 2 章　电阻电路的等效变换

2.1　本章要求

1. 掌握内容

熟练掌握电阻元件的串并混联原理及其等效变换；

熟练掌握分压公式和分流公式的应用；

掌握输入电阻的定义及求解方法。

2. 熟悉内容

熟悉实际电压源和实际电流源模型的结构及等效变换。

2.2　学习指导

1. 电阻的串联与分压

电阻元件的串联是指将多个电阻元件顺序连接，各电阻连接处再无分支的电路称为串联。串联电路不分流，各电阻上电流相同。

两只电阻R_1、R_2串联时，

等效电阻：

$$R = R_1 + R_2$$

分压公式：

$$U_1 = \frac{R_1}{R_1 + R_2}U, U_2 = \frac{R_2}{R_1 + R_2}U$$

2. 电阻的并联及分流

电阻元件的并联：若有多个电阻元件都接到一对节点上电路称为并联。并联电路不分压，各电阻上电压相同。

两只电阻R_1、R_2并联时，

等效电阻：

$$\frac{1}{R} = \frac{1}{R_1} + \frac{1}{R_2} = \frac{R_1 R_2}{R_1 + R_2}$$

则有分流公式：

$$U_1 = \frac{R_1}{R_1 + R_2}U, U_2 = \frac{R_2}{R_1 + R_2}U$$

3. 电阻的混连

混联是指串联与并联的组合。在计算混联等效电阻时，首先应正确判断电阻之间的串联和并联结构，然后再应用相应的串、并联公式进行化简。在判断电阻的串、并联结构时注意到:对等电位电阻支路可将其作开路处理,也可作短路处理。对无电阻的导线,可将其缩短成一点。

4. △-Y 电阻网络的等效变换

两种电路等效,则端钮处的电压-电流关系应相同。比较△形电路和 Y 形电路的电压—电流关系,可得△形电路等效变换成 Y 形电路的条件为:

$$\begin{cases} R_1 = \dfrac{R_{12}R_{31}}{R_{12}+R_{23}+R_{31}} \\ R_2 = \dfrac{R_{12}R_{23}}{R_{12}+R_{23}+R_{31}} \quad (\triangle \to Y) \\ R_3 = \dfrac{R_{23}R_{31}}{R_{12}+R_{23}+R_{31}} \end{cases}$$

同理可得:Y 形电路等效变换成△形电路的条件为:

$$\begin{cases} R_{12} = \dfrac{R_1R_2+R_2R_3+R_3R_1}{R_3} \\ R_{23} = \dfrac{R_1R_2+R_2R_3+R_3R_1}{R_1} \quad (Y \to \triangle) \\ R_{31} = \dfrac{R_1R_2+R_2R_3+R_3R_1}{R_2} \end{cases}$$

为了便于记忆,可归纳如下:

△→Y :

$$Y\ 电阻 = \frac{与\ Y\ 电阻相邻的\ \triangle\ 电阻乘积}{\triangle\ 电阻之和}$$

Y→△:

$$\triangle\ 电阻 = \frac{Y\ 电阻两两乘积之和}{\triangle\ 电阻的对面\ Y\ 电阻}$$

5. 实际电压源和实际电流源的等效互换

实际电压源可用一个理想电压源串一个内阻 R_S 的形式来表示:

$$U = U_S - R_S I$$

实际电流源可用一个理想电流源并一个内阻 R_S 的形式来表示:

$$I = I_S - \frac{U}{R_S}$$

实际电压源与实际电流源可相互等效转换。其转换关系为:

$$I_S = \frac{U_S}{R_S}$$

$$U_S = R_S I_S$$

$$R_S\ 不变$$

6. 输入电阻

对于任意一个不含独立电源的线性电阻性二端电路,若其端口电压 u 和电流 i

取关联参考方向，则输入电阻，也称入端电阻：

$$R_{in}=\frac{u}{i}$$

一个不含独立源但含有受控源的线性二端电阻性网络，其端钮处电压与电流的比值是与端口电压或电流大小无关的常数，它取决于二端网络的结构和元件参数。

2.3 例题详解

1. 如图 2-1 所示电路为计算机加法原理电路，已知$U_{S1}=12\ \text{V}$，$U_{S2}=6\ \text{V}$，$R_1=9\ \text{k}\Omega$，$R_2=3\ \text{k}\Omega$，$R_3=2\ \text{k}\Omega$，$R_4=4\ \text{k}\Omega$，求 ab 两端的开路电压U_{ab}。

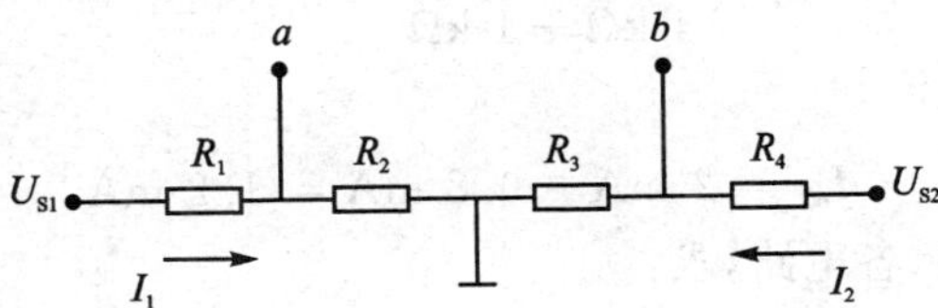

图 2-1

解：电源 U_{S1} 回路的电流为：

$$I_1=\frac{U_{S1}}{R_1+R_2}=\frac{12\ \text{V}}{9\ \text{k}\Omega+3\ \text{k}\Omega}=1\ \text{mA}$$

电源 U_{S2} 回路的电流为：

$$I_2=\frac{U_{S2}}{R_3+R_4}=\frac{6\ \text{V}}{2\ \text{k}\Omega+4\ \text{k}\Omega}=1\ \text{mA}$$

可得：

$$U_{ab}=I_1R_2-I_2R_3=$$
$$1\ \text{mA}\times 3\ \text{k}\Omega-1\ \text{mA}\times 2\ \text{k}\Omega=1\ \text{V}$$

2. 如图 2-2 所示电路，当：

(1) 开关 S 打开时，求电压 U_{ab}。

(2) 开关 S 闭合时，求电流 I_{ab}。

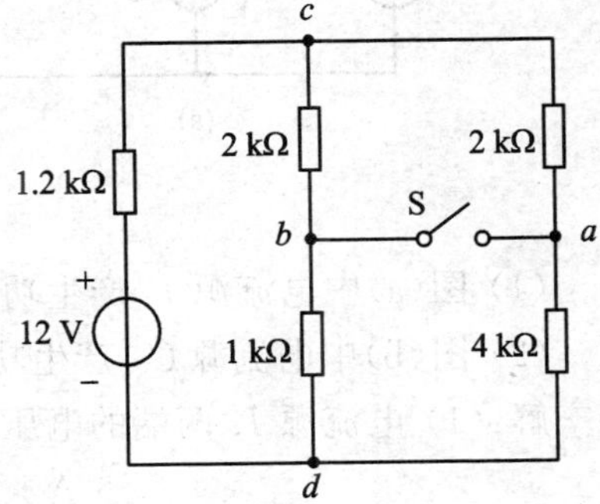

图 2-2

解：(1) 开关 S 打开时，电源供出电流为：

$$I=\frac{12\ \text{V}}{1.2\ \text{k}\Omega+(2\ \text{k}\Omega+1\ \text{k}\Omega)\ /\!/\ (2\ \text{k}\Omega+4\ \text{k}\Omega)}=\frac{15}{4}\ \text{mA}$$

根据分流，流过 4 kΩ 电阻的电流为：

$$\frac{15}{4}\ \text{mA}\times\frac{3\ \text{k}\Omega}{3\ \text{k}\Omega+6\ \text{k}\Omega}=\frac{15}{12}\ \text{mA}$$

流过 1 kΩ 电阻的电流为：

$$\frac{15}{4}\ \text{mA}\times\frac{6\ \text{k}\Omega}{3\ \text{k}\Omega+6\ \text{k}\Omega}=\frac{30}{12}\ \text{mA}$$

可得：

$$U_{ab}=\frac{15}{12}\ \text{mA}\times 4\ \text{k}\Omega-\frac{30\ \text{k}\Omega}{12\ \text{k}\Omega}\times 1\ \text{k}\Omega=2.5\ \text{V}$$

(2) 开关 S 闭合时,电源供出电流为:

$$I=\frac{12\ \text{V}}{1.2\ \text{k}\Omega+(2\ \text{k}\Omega\ /\!/\ 2\ \text{k}\Omega)+(1\ \text{k}\Omega\ /\!/\ 4\ \text{k}\Omega)}=4\ \text{mA}$$

根据分流,流过 2 kΩ 电阻的电流为:

$$I\times\frac{2\ \text{k}\Omega}{2\ \text{k}\Omega+2\ \text{k}\Omega}=2\ \text{mA}$$

流过 4 kΩ 电阻的电流为:

$$I\times\frac{1\ \text{k}\Omega}{4\ \text{k}\Omega+1\ \text{k}\Omega}=0.8\ \text{mA}$$

可得:

$$I_{ab}=2\ \text{mA}-0.8\ \text{mA}=1.2\ \text{mA}$$

3. 如图 2-3 所示各电路,求:

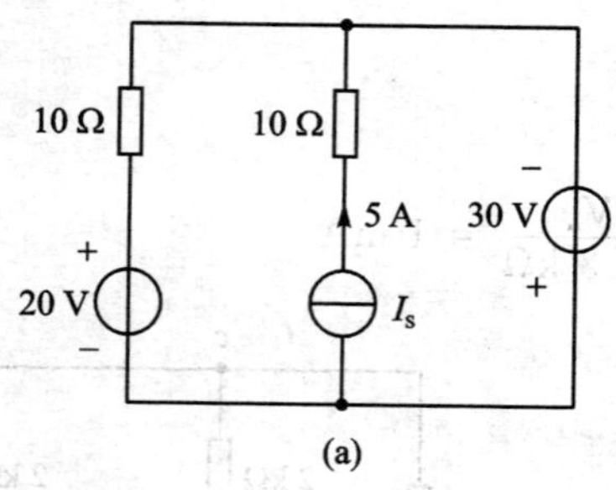

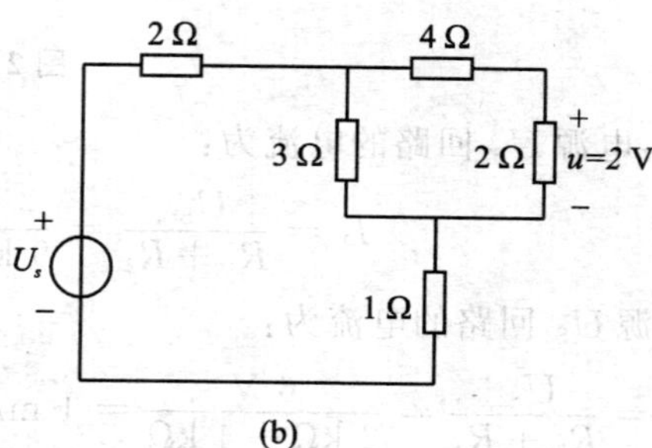

图 2-3

(1) 图(a)中电流源 I_S 产生功率 P_S。

(2) 图(b)中电流源 U_S 产生功率 P_S。

解:(1) 电流源 I_S 两端的电压为:

$$5\ \text{A}\times 10\ \Omega-30\ \text{V}=20\ \text{V}$$

可得:$P_s=20\ \text{V}\times 5\ \text{A}=100\ \text{W}$。

(2) 根据分流分压关系,则:

4 Ω 电阻上的电流为:1 A,

3 Ω 电阻上的电压为:6 V,

电压源供出的电流为:2 A+1 A=3 A,

故得:$P_S=(3\ \text{A})^2\times(2\ \Omega+3\ \Omega\ /\!/\ 6\ \Omega+1\ \Omega)=45\ \text{W}$。

4. 电路如图 2-4 所示。求电路中的电流 I_1。

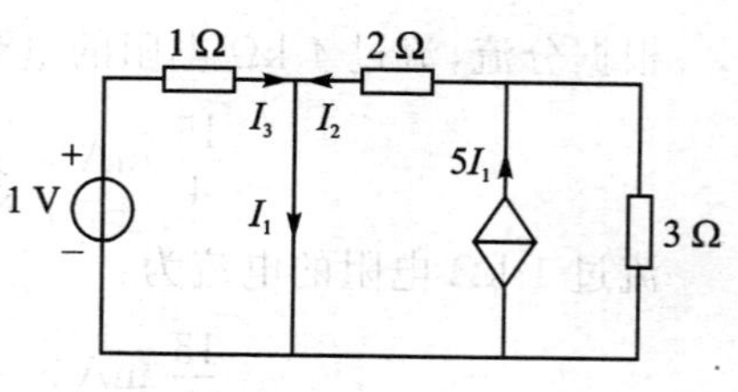

图 2-4

解:由图 2-4 可知,2 Ω 与 3 Ω 并联,

由分流公式,得

$$I_2 = \frac{3\ \Omega}{5\ \Omega} \times 5I_1 = 3I_1$$

$$I_3 = \frac{1}{1}\ \text{A} = 1\ \text{A}$$

所以,有:

$$I_1 = I_2 + I_3 = 3I_1 + 1$$

解得:　　$I_1 = -0.5\ \text{A}$

5. 图 2-5 所示是含有桥接 T 型衰减器的电路,利用 Y→△变换,求电路总电阻。

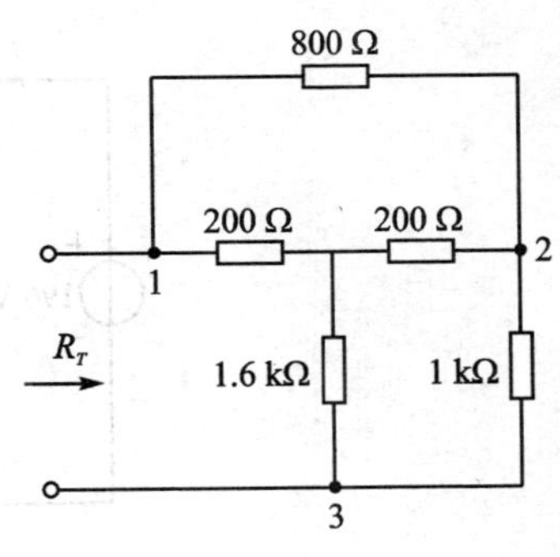

图 2-5

解:依据题意,标记三个节点如图 2-6(a)所示,利用 Y-△变换得到等效电路,如图 2-6(b)所示,3 个电阻分别计算如下:

$$R_{12} = \frac{200\ \Omega \times 200\ \Omega + 200\ \Omega \times 1.6\ \text{k}\Omega + 200\ \Omega \times 1.6\ \text{k}\Omega}{1.6\ \text{k}\Omega} = 425\ \text{k}\Omega$$

$$R_{23} = \frac{200\ \Omega \times 200\ \Omega + 200\ \Omega \times 1.6\ \text{k}\Omega + 200\ \Omega \times 1.6\ \text{k}\Omega}{200\ \Omega} = 3\ 400\ \text{k}\Omega$$

$$R_{31} = \frac{200\ \Omega \times 200\ \Omega + 200\ \Omega \times 1.6\ \text{k}\Omega + 200\ \Omega \times 1.6\ \text{k}\Omega}{200\ \Omega} = 3\ 400\ \text{k}\Omega$$

电路的总电阻,利用串并联关系得 $R_T \approx 1.8\ \text{k}\Omega$。

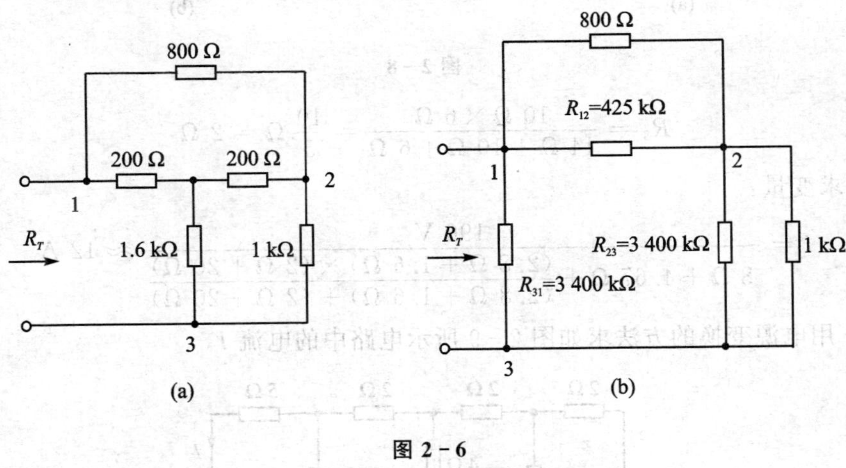

图 2-6

6. 利用△-Y 变换,求图 2-7 所示电路的电流。

解:依据题意,标记三个节点如图 2-8(a)所示,利用△-Y 变换,得到等效电路如图 2-8(b)所示三个电阻分别计算如下:

$$R_1 = \frac{14\ \Omega \times 10\ \Omega}{14\ \Omega + 10\ \Omega + 6\ \Omega} = \frac{14}{3}\ \Omega = 4.67\ \Omega$$

$$R_2 = \frac{14\ \Omega \times 6\ \Omega}{14\ \Omega + 10\ \Omega + 6\ \Omega} = \frac{14}{5}\ \Omega = 2.8\ \Omega$$

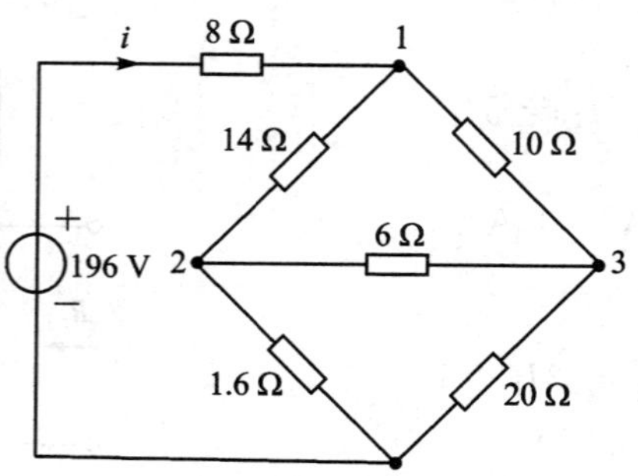

图 2-7

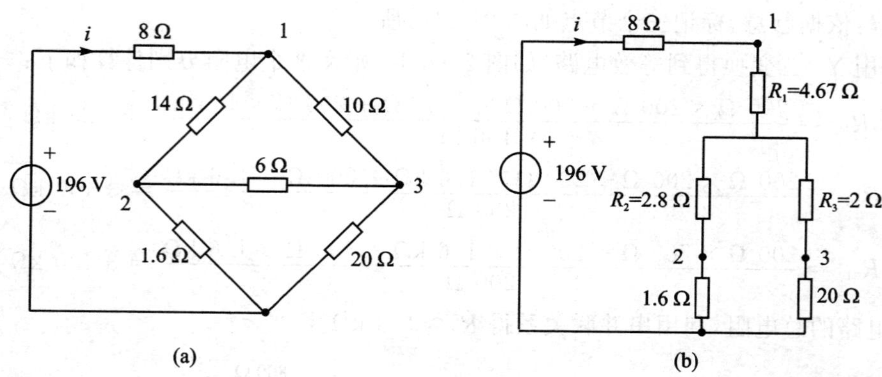

图 2-8

$$R_3 = \frac{10\ \Omega \times 6\ \Omega}{14\ \Omega + 10\ \Omega + 6\ \Omega} = \frac{10}{5}\ \Omega = 2\ \Omega$$

所求变量:

$$i = \frac{196\ \text{V}}{8\ \Omega + 4.67\ \Omega + \dfrac{(2.8\ \Omega + 1.6\ \Omega) \times (2\ \Omega + 20\ \Omega)}{(2.8\ \Omega + 1.6\ \Omega) + (2\ \Omega + 20\ \Omega)}} \approx 12\ \text{A}$$

7. 用电源变换的方法求如图 2-9 所示电路中的电流 I。

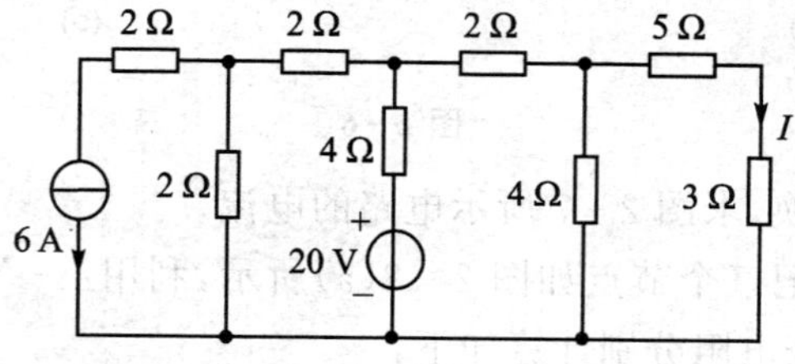

图 2-9

解:电路通过电源等效变换如图 2-10 所示。所以,电流为:

$$I = \frac{2\ \text{V}}{10\ \Omega} = 0.2\ \text{A}$$

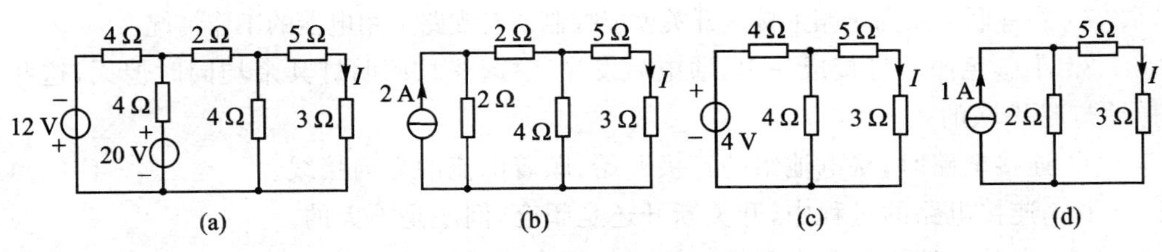

图 2－10

2.4　章节练习

(一) 填空题

1. 判断下列电路元件的连接是串联还是并联的。

(1) 教室里的几盏荧光灯是__________的。

(2) 手电筒里两节干电池是__________的。

(3) 教室里的一只开关控制一盏电灯，开关和灯是__________的。

(4) 马路上排成一行的路灯是__________的。

(5) 节日里大楼周围一排排彩灯是__________的。

2. 一个电流表的电阻为 0.18 Ω，最大量程为 10 A，刻度盘分为 100 个刻度。现将其量程扩大为 100 A，需要__________联一个__________ Ω 的电阻，此时刻度盘每个刻度表示__________ A；新的电流表的内阻是__________ Ω。

3. 依据实验数据，画出电源的输出特性图象($U-I$ 图象)如图 2－11 所示，从图象中可知该电源的电动势为__________ V，电源内阻为__________ Ω。

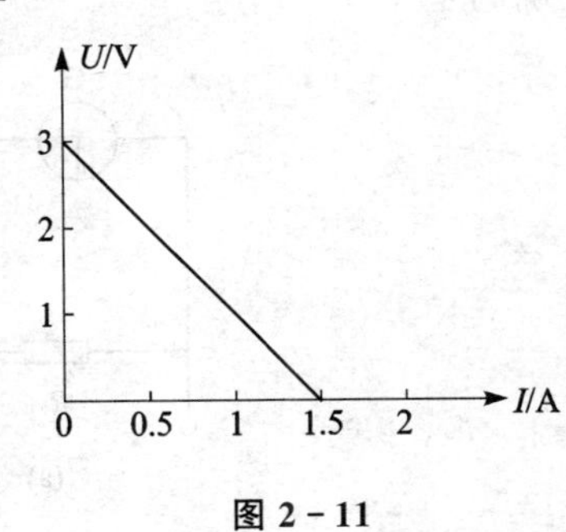

图 2－11

(二) 判断题

1. 家用电器一般采用并联的连接方法。(　　)

2. 通过一只照明灯的电流也全部通过一只电铃，电铃和照明灯一定串联。(　　)

3. 一个开关可以同时控制一只照明灯发光和一只电铃发声，则照明灯和电铃一定串联。(　　)

4. 一个开关同时控制两个用电器，这两个用电器一定是并联的。(　　)

5. 马路上的路灯看上去是排成一串串的，所以它们的连接方法是串联。(　　)

6. 几个照明灯接入电路中，只要有一个照明灯不发光，则其他几个照明灯也一定不发光。(　　)

7. 在并联电路的干路上接一开关就能控制所有支路上用电器的工作情况。（ ）

8. 小彩色照明灯接成一串，通电后发光，拿起一只照明灯其余均同时熄灭，这些照明灯是串联的。（ ）

9. 连接电路时，从电池组的正极开始，顺着电流的方向接线。（ ）

10. 连接电路的过程中，开关断开还是闭合，问题是不大的。（ ）

11. 在整个接线过程中开关应该一直闭合。（ ）

12. 实验结束后，应把开关断开后才拆线。（ ）

13. 拆线时首先把电源相连的导线拆掉。（ ）

14. 短路是电流不经过用电器直接与电源构成回路。（ ）

15. 断路和短路在电路中所起的作用是相同的。（ ）

16. 电路中开关一定接在电荷流入灯泡的前一段导线上。（ ）

17. 电池组中相邻两个电池正、负极相连，这是电池的串联。（ ）

（三）单项选择题

1. 图 2-12 中的(a)、(b)两个电路，都是由一个灵敏电流计 G 和一个变阻器 R 组成，它们之中一个是测电压的电压表，另一个是测电流的电流表，那么以下结论中正确的是（ ）。

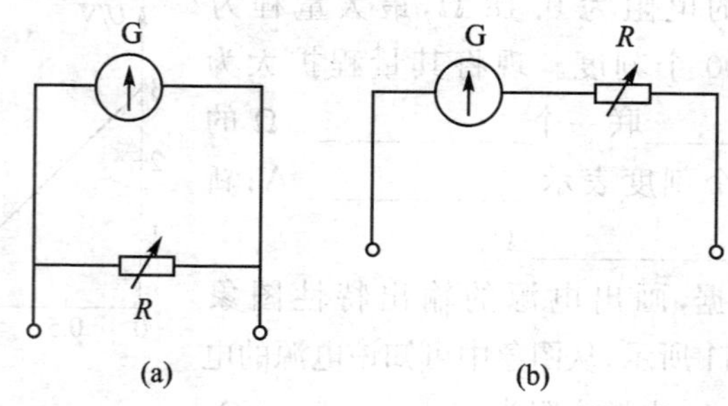

图 2-12

A. (a)表是电流表，R 增大时量程增大

B. (a)表是电流表，R 增大时量程减小

C. (b)表是电压表，R 增大时量程减小

D. 上述说法都不对

2. 图 2-13 所示的电路中，$R_1=1\ \Omega$，$R_2=2\ \Omega$，$R_3=3\ \Omega$，那么通过电阻 R_1、R_2、R_3 的电流强度之比 $I_1:I_2:I_3$ 为（ ）。

A. 1∶2∶3　　B. 3∶2∶1　　C. 2∶1∶3　　D. 3∶1∶2

3. 电流表的内阻是 $R_g=200\ \Omega$，满刻度电流值是 $I_g=500\ \mu A$，现欲把该电流表改装成量程为 1.0 V 的电压表，正确的方法是（ ）。

A. 应串联一个 0.1 Ω 的电阻　　B. 应并联一个 0.1 Ω 的电阻

C. 应串联一个 1 800 Ω 的电阻　　D. 应并联一个 1 800 Ω 的电阻

4. 与图 2－14 所示电路等效的电路是(　　)。

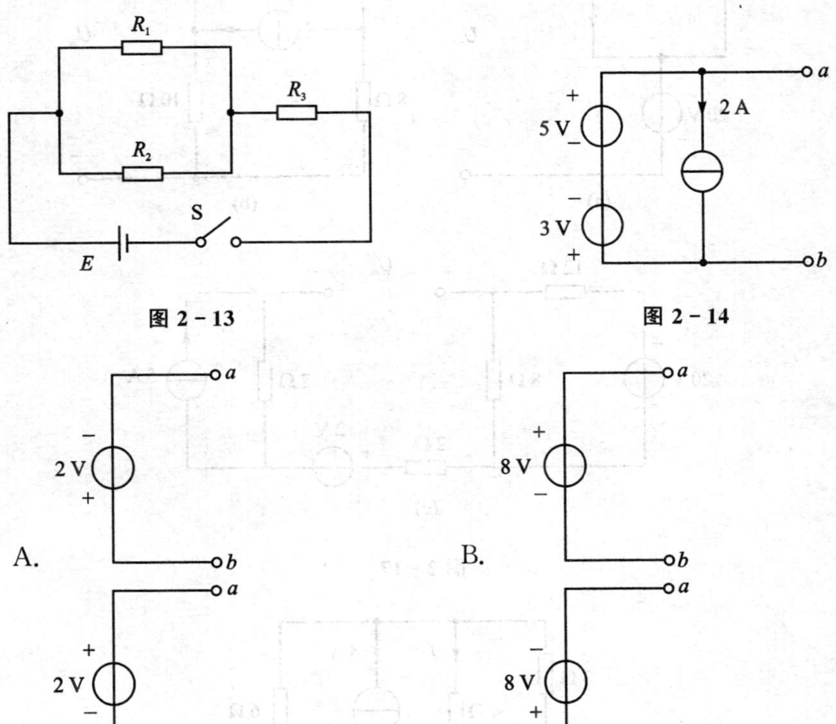

(四) 计算题

1. 电路如图 2－15 所示。已知 $I_1=3I_2$，求电路中的电阻 R。

2. 电路如图 2－16 所示，且 $P_3=12$ W，求电路中的未知量。

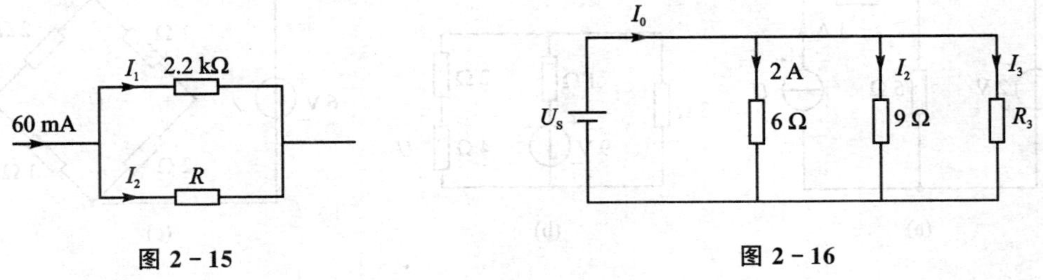

3. 求如图 2－17 所示的各电路的开路电压。

4. 用电源等效的方法求如图 2－18 所示的电路中流过阻值为 4 Ω 的电阻的电流 I。

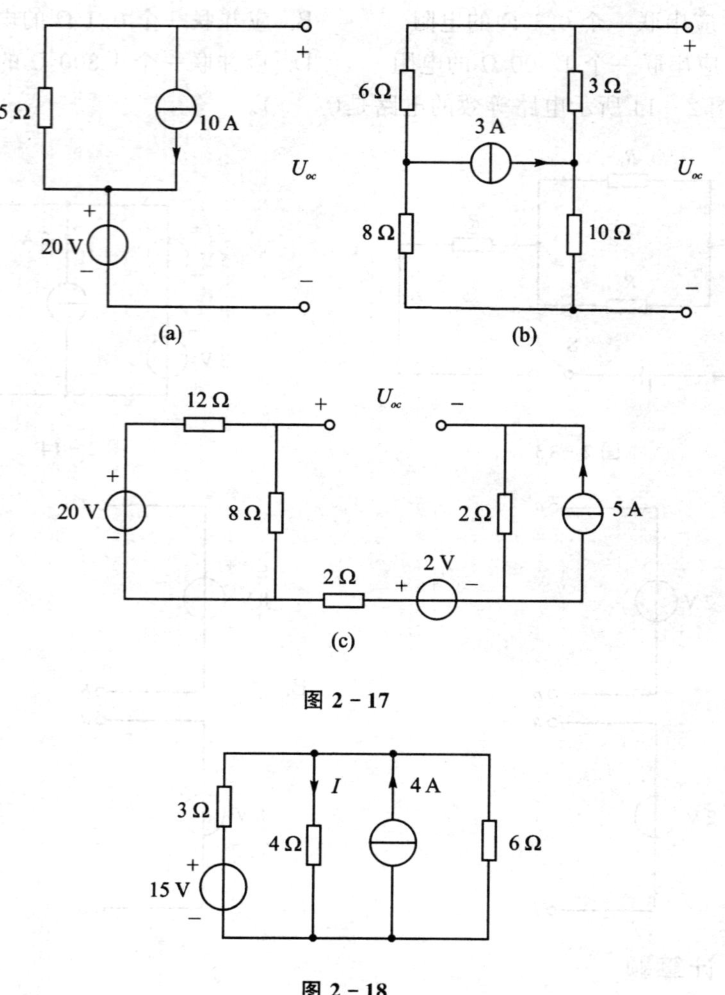

图 2-17

图 2-18

5．求如图 2-19 所示各电路的电压 U。

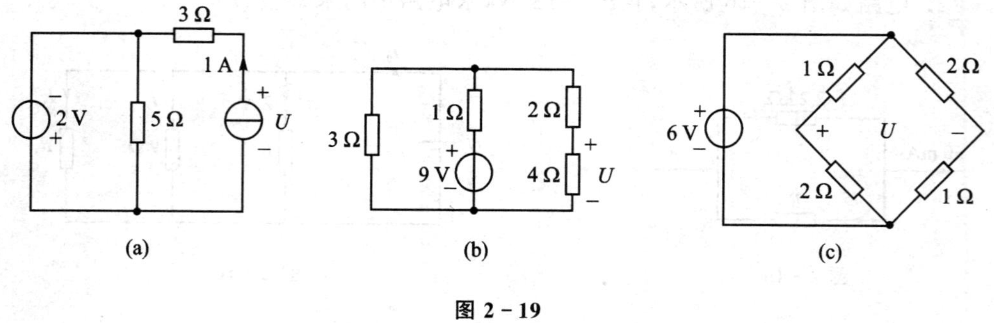

图 2-19

6．如图 2-20 所示的直流电路中，已知电压表读数为 30 V，忽略电压表、电流表内阻影响。问：

（1）电流表的读数为多少？并标明电流表的极性。

（2）电压源 U_S 产生的功率大小？

7．如图 2－21 所示电路中，已知 $I_S=3$ A，$U_{AB}=6$ V，且 R_1 和 R_2 的消耗功率之比为 1∶2，求 R_1 和 R_2。

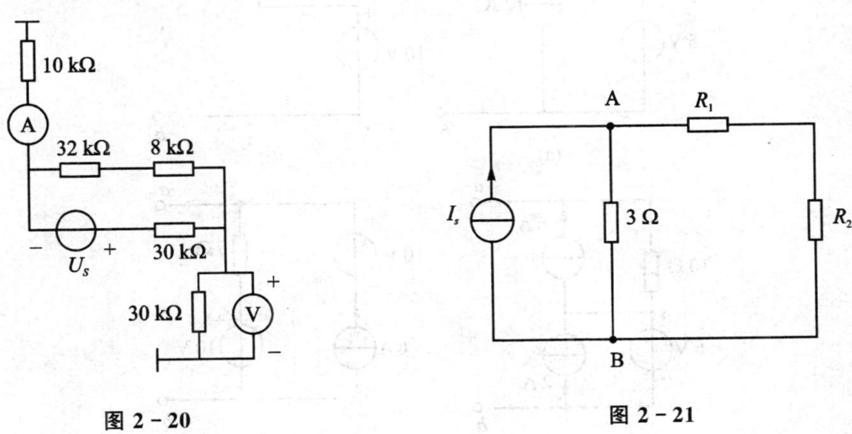

图 2－20　　　　图 2－21

8．求图 2－22 所示各电路 ab 端的等效电阻 R_{ab}。

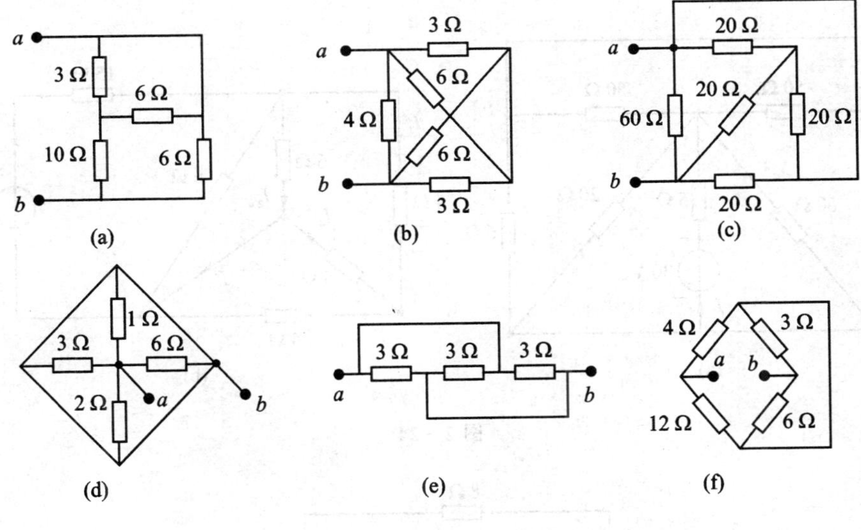

图 2－22

9．将图 2－23 所示各电路对 ab 端化为等效电压源形式和等效电流源形式。

10．求如图 2－24 所示各电路中的电流 I。

11．如图 2－25 所示电路中，利用等效变换，求电压 u，使通过阻值 3 Ω 的电阻向下的电流为 2 A。

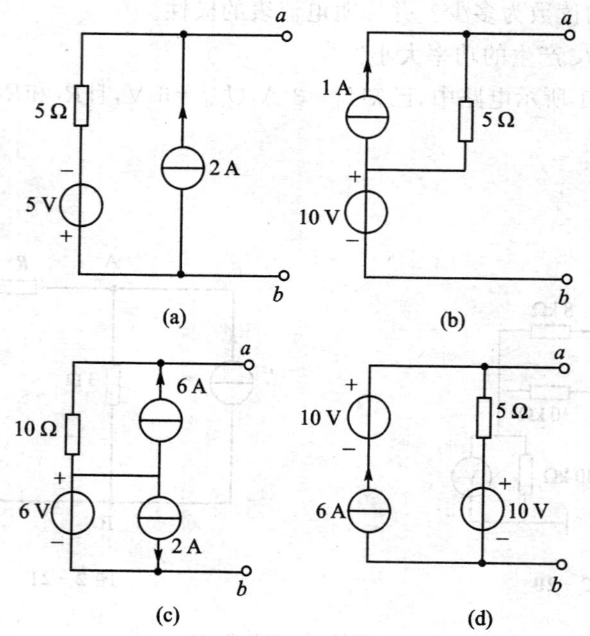

图 2-23

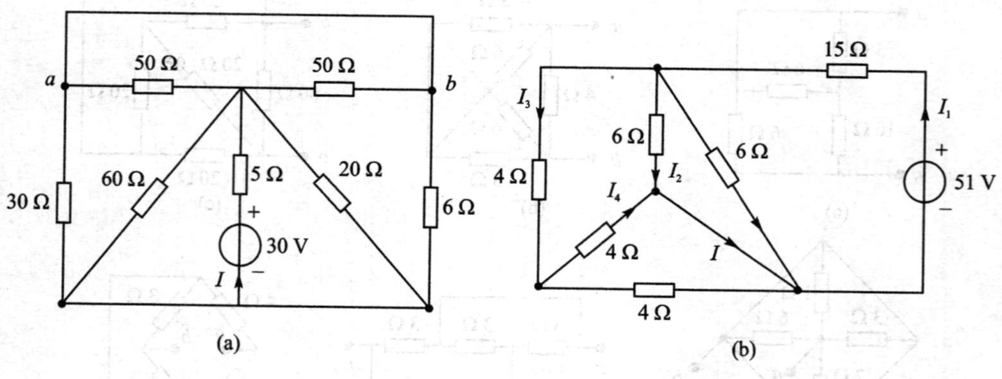

图 2-24

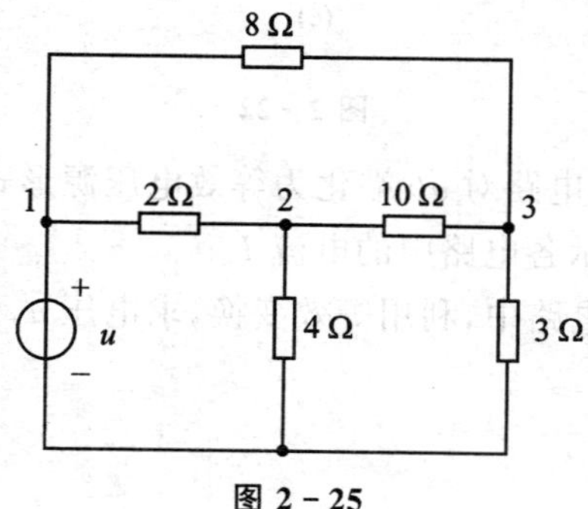

图 2-25

第3章 电阻电路的一般分析方法

3.1 本章要求

1. 掌握内容

掌握KVL和KCL独立方程的列写方法；

熟练掌握支路电流法对复杂直流电路的求解方法；

熟练掌握网孔电流法对支路数目较多电路的求解方法；

熟练掌握节点电压法对节点较少而网孔较多电路的求解方法。

2. 熟悉内容

熟悉含受控源电路的分析和计算方法。

3.2 学习指导

1. 2b方程

2b法是指通过列写 $2b$ 个关于支路电压和电流的方程求解电路的方法。$2b$ 方程是指若电路有 b 条支路、n 个节点，则可列写的方程数目分别为：

$$\begin{cases}\text{独立 KCL 方程数}: n-1 \\ \text{独立 KVL 方程数}: b-n+1 \\ \text{独立 VCR 方程数}: b\end{cases}$$

可见，如以支路电压、电流为变量，网络可以列写 $(n-1)+(b-n+1)+b=2b$ 个独立的支路变量方程，此为2b方程。

2. 支路电流法

支路电流法是以支路电流为电路变量，根据两类约束：KCL、KVL和电路的VCR，对独立的节点和回路建立方程组，求出各支路电流，再进一步求得支路电压和功率的方法。应用支路电流法求解电路的步骤可归纳为：

(1) 任意标定各支路电流的参考方向和网孔绕行方向。

(2) 用基尔霍夫电流定律列出节点电流方程。有 n 个节点，就可以列出 $n-1$ 个独立电流方程。

(3) 用基尔霍夫电压定律列出 $L=b-(n-1)$ 个用电流变量表示的网孔方程。

说明：L 指的是网孔数，b 指是支路数，n 指的是节点数。

(4) 代入已知数据求解方程组，确定各支路电流及方向。

3. 网孔电流法

网孔分析法是在平面电路中，以网孔电流作为电路变量，根据KVL列出网孔电压方程求出网孔电流。再进一步求得支路电流的方法。其中列网孔方程是网孔分析法的关键一步，对 m 个网孔列网孔方程，网孔电流方程的解题步骤：

(1) 确定独立回路，并设定回路绕行方向；

(2) 列以回路电流为未知量的 KVL 方程；

(3) 解方程求回路电流，再求各支路电流；

(4) 进行验算：选外围回路列 KVL 方程，代入数据，若回路电压之和为 0，则说明运算数据正确。

4. 节点电压法

节点电压分析法(简称节点分析法)是以节点电位为待求变量，将各支路电流用节点电位表示，列写除了参考节点以外其他所有节点的 KCL 方程，求得节点电位后再确定其他变量的电路分析方法。节点电压法的解题步骤：

(1) 选取参考节点，假定其余 $n-1$ 个独立节点的节点电位。

(2) 列写 $n-1$ 个独立节点的 KCL 方程，方程中的各支路电流用节点电位表示。

(3) 求解方程，得到节点电位。

(4) 通过节点电位确定其他变量。

3.3 例题详解

1. 用支路电流法求解图 3-1 所示电路中各支路电流。

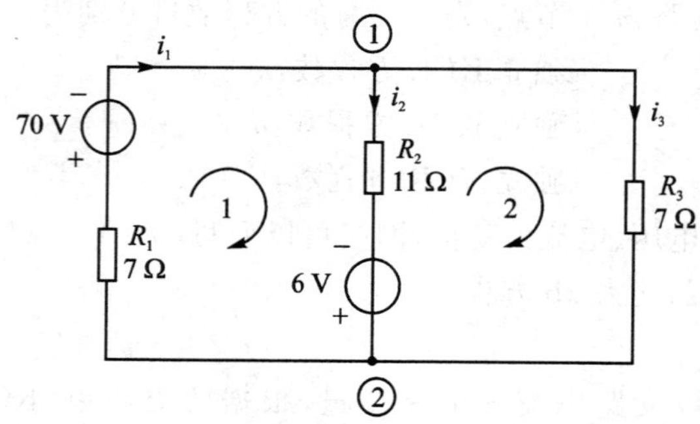

图 3-1

解：由图 3-1 可知，该电路有 3 条支路、2 个节点。首先指定各支路电流的参考方向，如图 3-1 所示。

① 设流出节点的电流为正，列出节点电流方程：

节点 1 $\qquad -i_1+i_2+i_3=0$

② 选取独立回路，并指定绕行方向，列出回路方程：

回路 1 $\qquad 7\,i_1+11\,i_2-6-70=0$

回路 2 $\qquad -11\,i_2+7\,i_3+6=0$

联立求解，得到

$$i_1 = -6\ \text{A}$$
$$i_2 = -2\ \text{A}$$
$$i_3 = -4\ \text{A}$$

2. 用网孔电流法求如图 3-2 所示电路中的功率损耗。

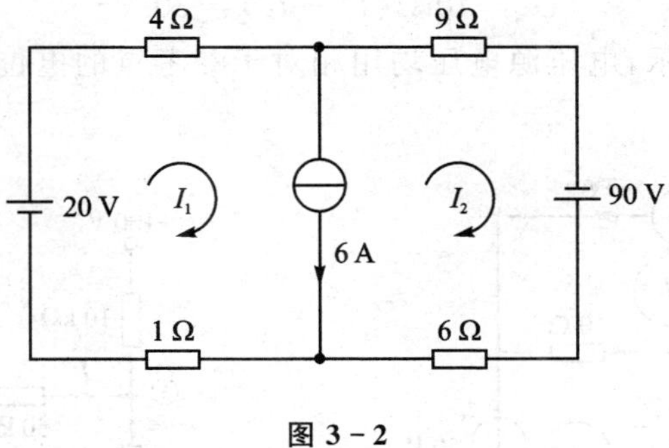

图 3-2

解：应用 KVL，则：

$$5I_1 + 15I_2 = 90\ \text{A} + 20\ \text{A}$$

即：$5I_1 + 15I_2 = 110$ A。

由电流源与网孔电流的关系，有：

$$I_1 - I_2 = 6\ \text{A}$$

解得：$I_1 = 10$ A，$I_2 = 4$ A。

电路中各元件的功率为

$$P_{20\ \text{V}} = -20\ \text{V} \times 10\ \text{A} = -200\ \text{W}$$
$$P_{90\ \text{V}} = -90\ \text{V} \times 4\ \text{A} = -360\ \text{W}$$
$$P_{6\ \text{A}} = (20\ \text{V} - 5\ \Omega \times 10\ \text{A}) \times 6\ \text{A} = -180\ \text{W}$$
$$P_{电阻} = (10\ \text{A})^2 \times 5\ \Omega + (4\ \text{A})^2 \times 15\ \Omega = 740\ \text{W}$$

显然，功率平衡。电路中的损耗功率为 740 W。

3. 用网孔电流法求图 3-3 示电路的电流 I。

解：设网孔电流和电压如图，则

$$I_1 = 3\ \text{A}$$
$$(1\ \Omega + 2\ \Omega)I_2 - 1\ \Omega \times I_1 = -U$$
$$(2\ \Omega + 3\ \Omega)I_3 - 2\ \Omega \times I_2 = U$$
$$1\ \text{A} = I_2 - I_3$$

得：$I = I_3 = 0.75$ A。

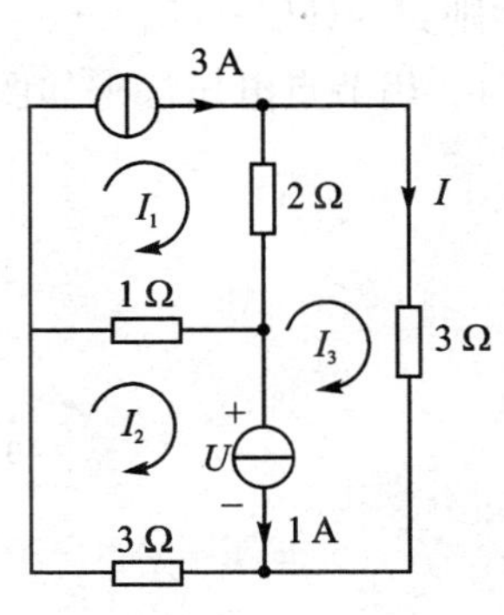

图 3-3

4. 用网孔电流法求图 3-4 示电路的电压 U。

解：设网孔电流如图，则

$$I_1 = 3\ \text{A}$$
$$(8\ \Omega + 2\ \Omega + 40\ \Omega)I_2 - 8\ I_1 - 40\ I_3 = 136\ \text{V}$$

$$(10\ \Omega+40\ \Omega)I_3-10\ I_1-40\ I_2=-50\ \text{V}$$

得：

$$I_2=8\ \text{A}$$

$$I_3=6\ \text{A}$$

$$U=40\ \Omega(I_2-I_3)=80\ \text{V}$$

5. 如图 3-5 所示，电压源电压均用相对于参考点的电位来表示，用节点法求 50 kΩ电阻中的电流。

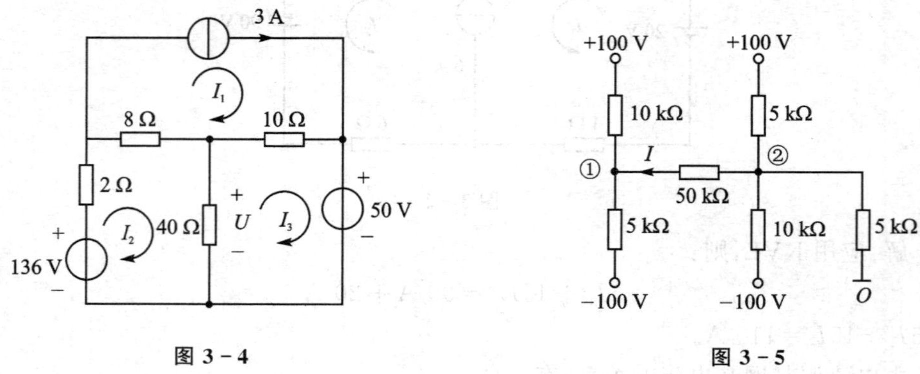

图 3-4　　　　图 3-5

解：以 O 为参考点，节点 1、2 的节点电压为 U_{n1}、U_{n2}，如图 3-5 所示。节点电压方程为：

$$\begin{cases}\left(\dfrac{1}{5\ \text{k}\Omega}+\dfrac{1}{10\ \text{k}\Omega}+\dfrac{1}{50\ \text{k}\Omega}\right)U_{n1}-\dfrac{1}{50}\ \text{k}\Omega U_{n2}=\dfrac{100}{10}\ \text{mA}-\dfrac{100}{5}\ \text{mA}\\ -\dfrac{1}{50\ \text{k}\Omega}U_{n1}+\left(\dfrac{1}{5\ \text{k}\Omega}+\dfrac{1}{5\ \text{k}\Omega}+\dfrac{1}{10\ \text{k}\Omega}+\dfrac{1}{50\ \text{k}\Omega}\right)U_{n2}=\dfrac{100}{5}\ \text{mA}-\dfrac{100}{10}\ \text{mA}\end{cases}$$

解方程，得：$U_{n1}=-30.1\ \text{V}$，

$$U_{n2}=18\ \text{V}$$

则：$I=(U_{n2}-U_{n1})/50=(18\ \text{V}-(-30.1\ \text{V}))/50\ \text{k}\Omega=0.962\ \text{mA}$。

6. 用节点电压法求如图 3-6 所示电路中的电压 U_0。

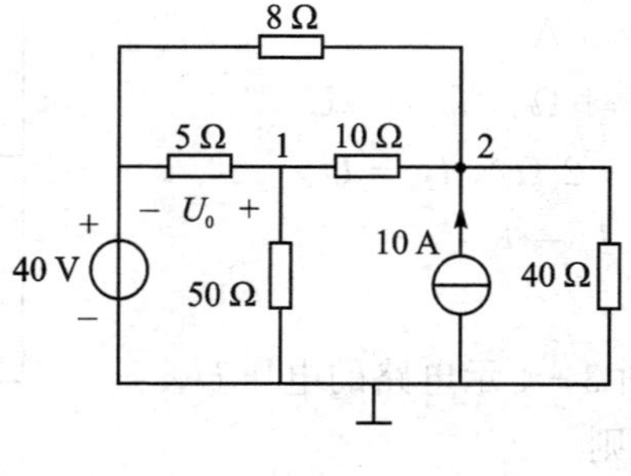

图 3-6

解：只需列两个节点方程

$$\begin{cases}-\frac{1}{5\ \Omega}\times 40\ \text{V}+\left(\frac{1}{5\ \Omega}+\frac{1}{50\ \Omega}+\frac{1}{10\ \Omega}\right)U_1-\frac{1}{10}U_2=0\\-\frac{1}{8\ \Omega}\times 40\ \text{V}-\frac{1}{10\ \Omega}U_1+\left(\frac{1}{8\ \Omega}+\frac{1}{10\ \Omega}+\frac{1}{40\ \Omega}\right)U_2=10\end{cases}$$

解得：

$$U_1=50\ \text{V},U_2=80\ \text{V}$$

所以

$$U_0=50\ \text{V}-40\ \text{V}=10\ \text{V}$$

7. 试用节点电压法求图 3-7 所示电路中各电阻支路电流。

解：设各节点电压分别为U_1、U_2、U_3，支路电流I_1、I_2、I_3、I_4，如图 3-7 所示，则

$$\left(\frac{1}{40\ \Omega}+\frac{1}{20\ \Omega}\right)U_1-\frac{1}{20\ \Omega}U_2=-3\ \text{A}$$

$$U_2=6\ \text{V}$$

$$\left(\frac{1}{20\ \Omega}+\frac{1}{40\ \Omega}\right)U_3-\frac{1}{40\ \Omega}U_2=3\ \text{A}$$

得$U_1=-38\ \text{V}$，$U_2=42\ \text{V}$；则：

$$I_1=\frac{U_1-U_2}{40\ \Omega}=-1.1\ \text{A}$$

$$I_2=\frac{U_1}{20\ \Omega}=-1.9\ \text{A}$$

$$I_3=\frac{U_2-U_3}{20\ \Omega}=-0.9\ \text{A}$$

$$I_4=\frac{U_3}{20\ \Omega}=2.1\ \text{A}$$

8. 如图 3-8 所示，用节点法求 U_1 和受控电流源提供的功率。

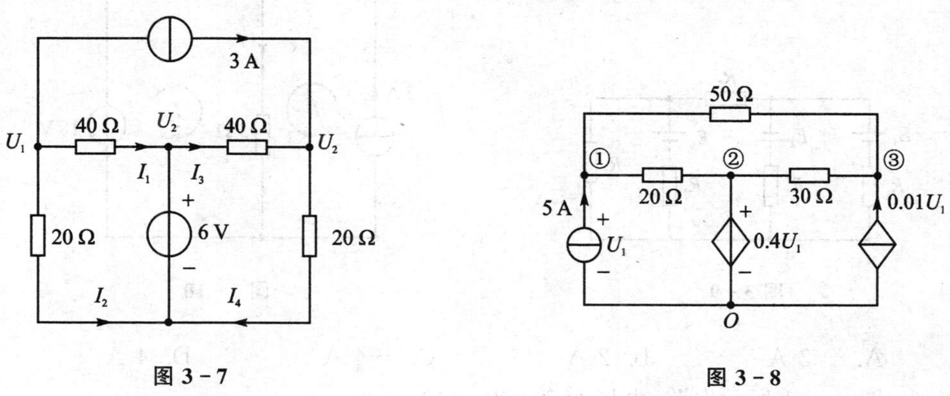

图 3-7　　　　图 3-8

解：以 O 点为参考点，节点 1、2、3 的节点电压为 U_{n1}、U_{n2}、U_{n3}，如图 3-8 所示。列节点电压方程为：

$$\begin{cases} U_{n2}=0.4U_1\left(\frac{1}{20\ \Omega}+\frac{1}{50\ \Omega}\right)U_{n1}-\frac{1}{20\ \Omega}U_{n2}-\frac{1}{50\ \Omega}U_{n3}=5\ \text{A} \\ U_{n2}=0.4U_1 \\ -\frac{1}{50\ \Omega}U_{n1}-\frac{1}{30\ \Omega}U_{n2}+\left(\frac{1}{30\ \Omega}+\frac{1}{50\ \Omega}\right)U_{n3}=0.01U_1 \\ U_1=U_{n1} \end{cases}$$

解方程，得：

$$\begin{cases} U_1=U_{n1}=148.1\ \text{V} \\ U_{n2}=59.24\ \text{V} \\ U_{n3}=120.4\ \text{V} \end{cases}$$

则受控电流源的功率为：

$$P_{0.01U_1}=-0.01U_1U_{n3}=-0.01\times148.1\ \text{V}\times120.4\ \text{V}=-178.3\ \text{W}\ (\text{发出})$$

3.4 章节练习

(一) 填空题

对于具有 n 个节点 b 个支路的电路，可列出__________个独立的 KCL 方程，可列出__________个独立的 KVL 方程。

(二) 单项选择题

1. 如图 3-9 所示，电路的支路数、节点数、回路数分别为(　　)。

A. 5、4、3　　B. 5、4、6　　C. 5、3、3　　D. 5、3、6

2. 图 3-10 所示的电路电流 I 等于(　　)。

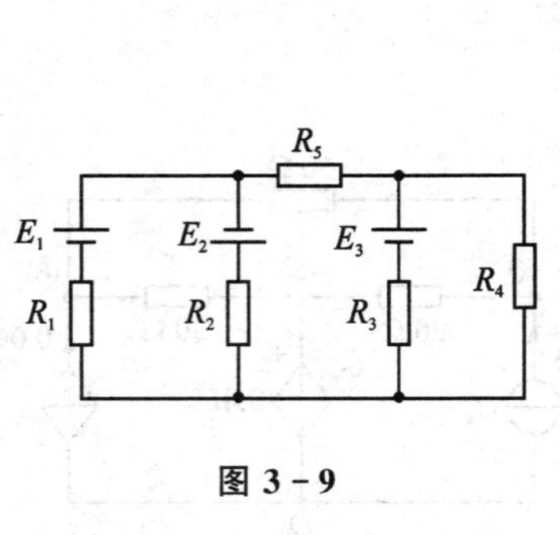

图 3-9

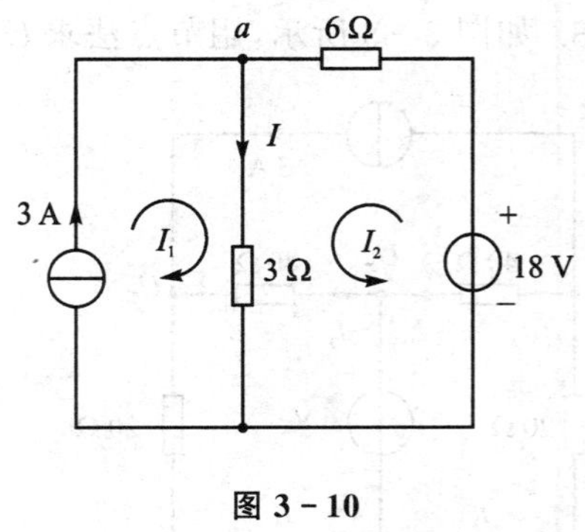

图 3-10

A. −2 A　　B. 2 A　　C. −4 A　　D. 4 A

3. 图 3-11 所示电路，电压 U 等于(　　)。

A. 6 V　　B. 8 V　　C. 10 V　　D. 16 V

4. 图 3-12 所示电路，1 A 电流源产生功率 P_s 等于(　　)。

A. 1 W　　B. 3 W　　C. 5 W　　D. 7 W

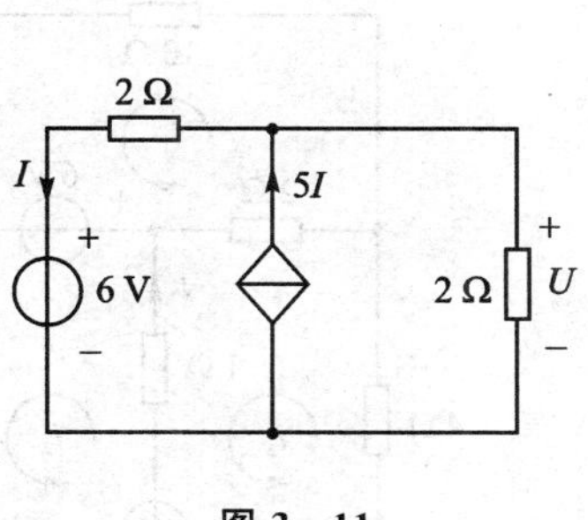

图 3－11

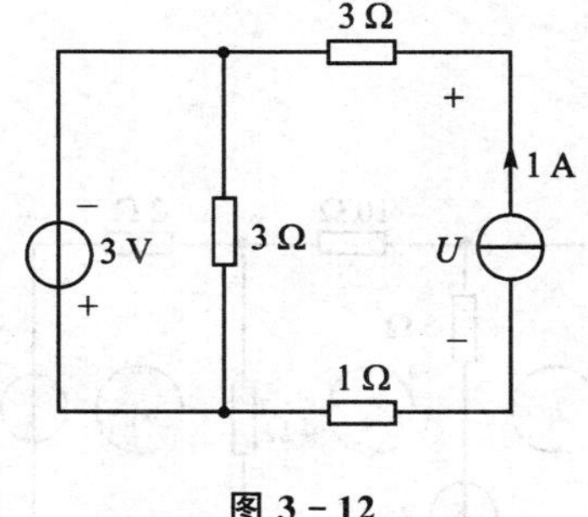

图 3－12

(三) 计算题

1. 如图 3－13 所示电路，试用支路电流法求电流 I。
2. 图 3－14 所示电路中，已知$U_{AB}=0$，试求电压源电压U_s。

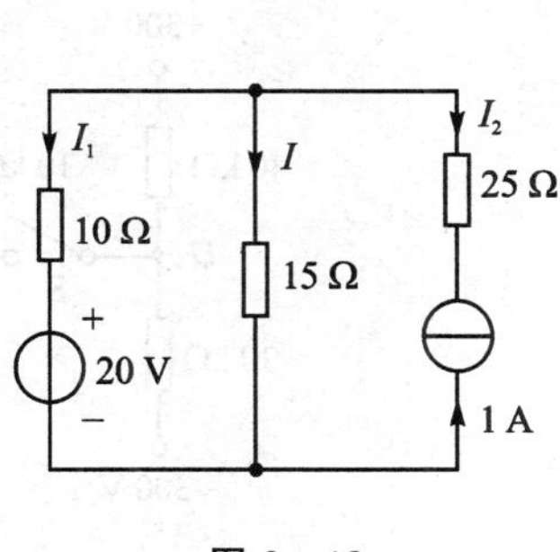

图 3－13

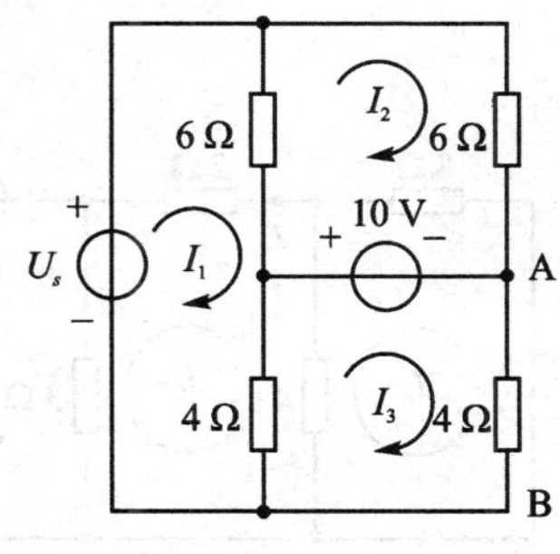

图 3－14

3. 用网孔电流法求图 3－15 所示电路的各支路电流。
4. 用网孔电流法求图 3－16 所示电路中的电流 I_1 和 I_2。
5. 写出图 3－17 所示电路的网孔电流方程，并求网孔电流。

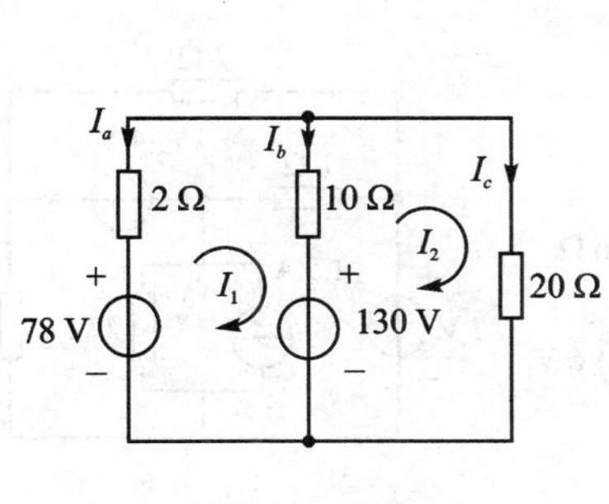

图 3－15

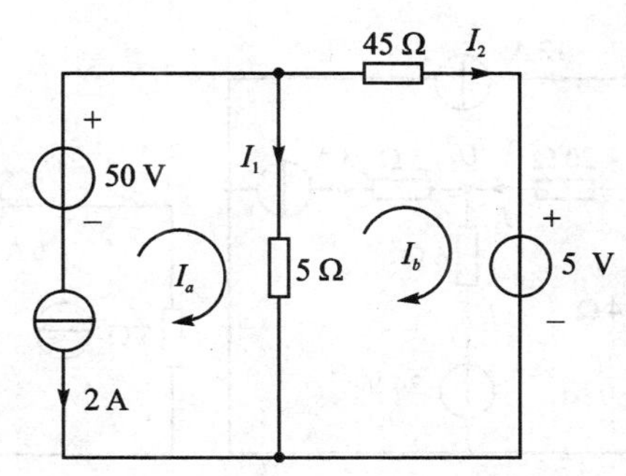

图 3－16

6. 应用网孔分析法求解图 3－18 所示电路中的电流 i。

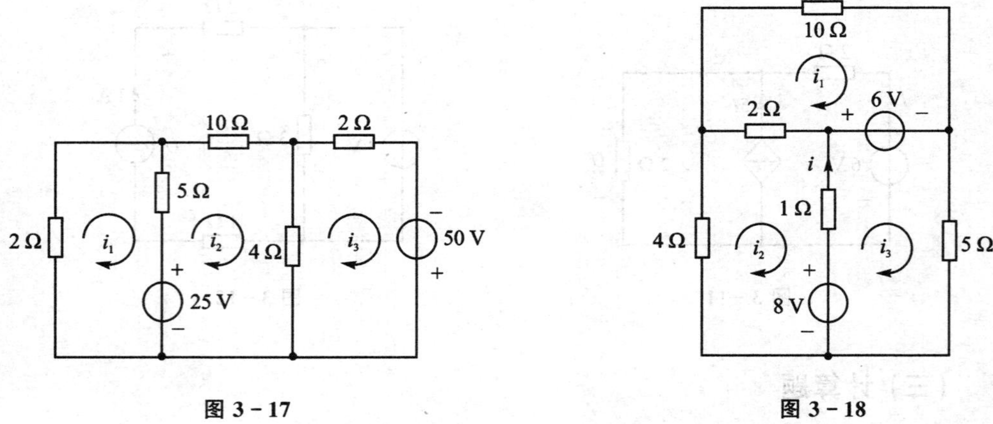

图 3－17　　图 3－18

7. 用网孔电流法求如图 3－19 所示电路中的电流 I_x。

8. 电路如图 3－20 所示，求电路中开关 S 打开和闭合时的电压 U。

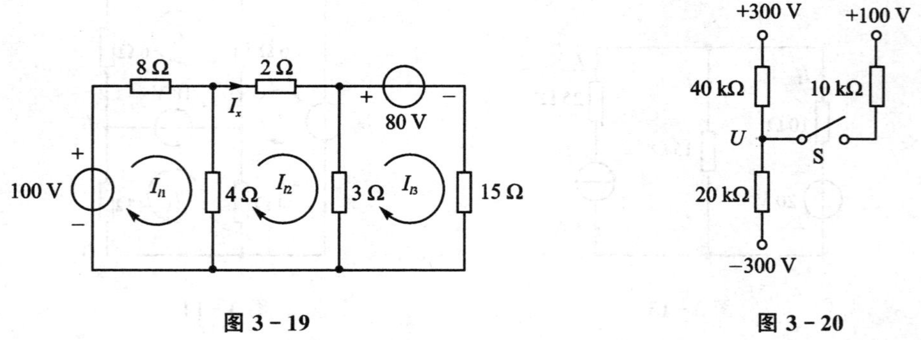

图 3－19　　图 3－20

9. 试用节点电压法求图 3－21 所示电路中各支路电流。

10. 试用节点电压法求图 3－22 所示电路中的各节点电压。

11. 试用节点电压法求图 3－23 所示电路中的电流 I。

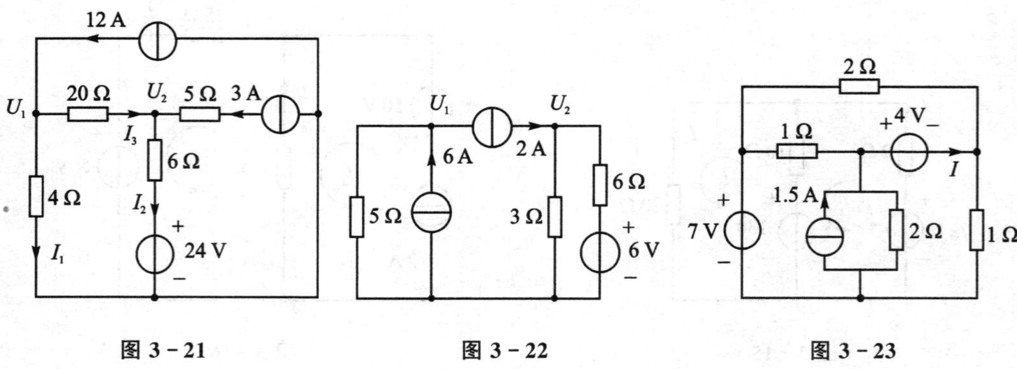

图 3－21　　图 3－22　　图 3－23

第 4 章　线性电路的基本定理

4.1　本章要求

1. 掌握内容

掌握叠加定理及其求解方法；

熟练掌握戴维南定理、诺顿定理及其分析求解电路的方法。

2. 熟悉内容

熟悉最大功率传输定理；负载获得最大功率的条件和获得的最大功率。

4.2　学习指导

线性电路的基本定理，包括叠加定理、戴维南定理、诺顿定理、最大功率传输定理等。这些定理为求解电路提供了另一类方法，特别是对求解电路某一条或某几条支路电压、电流提供了有效方法，可大大简化电路的计算。

1. 叠加定理

叠加定理：在线性电路中，当有多个独立电源共同作用时，每个元件的电压或电流都等于各独立源单独作用于电路时，在该元件上所产生的电压或电流的代数和。叠加定理只适用于线性电路。应用叠加定理求解电路时应注意以下几个问题：

(1) 当电路中某一独立源单独作用时，其他独立源均应视为零值，即独立电压源作短路处理．独立电流源作开路处理。而受控源则应保留在电路中，其值随每一个独立源单独作用时控制量的变化而变化。

(2) 叠加是求各响应分量的代数和。凡是每个独立源单独作用所产生的响应分量与总响应参考方向一致时，取正值，反之，取负值。

(3) 叠加的方式是任意的，一次可以是一个独立源作用，也可以是几个独立源同时作用，选择何种方式取决于计算是否简便。

(4) 叠加定理只适用于计算线性电路中的电压和电流，而不能用于计算功率。因为功率与电压和电流之间不是线性关系。

2. 戴维南定理

戴维南定理：任意线性有源(含有独立电源)二端网络 N，对外电路而言，总可以等效为一个电压源和一个线性电阻串联的支路(戴维南支路)。其中：电压源电压等于网络 N 的端口开路电压u_{oc}，串联电阻(又称输出电阻或等效电阻)等于网络 N 独立电源置零后的入端电阻R_0。

戴维南定理的应用步骤可归纳为“断、算、接”三步：

① 断开所要求解的支路或局部网络，求出所余二端有源网络的开路电压u_{oc}；

② 令二端网络内独立源为零，求等效电阻(输入电阻)R_0；

③ 将待求支路或网络接入等效后的戴维南电源，求出解答。

(1) 开路电压u_{oc}的求法

u_{oc}的求解方法较多，可视具体电路形式而定。如：串、并联等效；分压、分流关系；电压源模型与电流源模型的互换；支路分析法；节点分析法；网孔分析法；叠加定理；戴维南定理等。

(2) 等效电阻R_0的求法

若二端网络 N 中无受控源，则可选用化简法。若含有受控源，则可选用外加电源法或开路—短路法。

① 化简法。将网络中所有独立源取零，即理想电压源短路，理想电流源开路，留下无源二端网络。利用电阻的串、并联和△- Y 等效变换等方法，即可求出等效电阻R_0。

② 外加电源法。将 N 中所有独立源取零值，保留受控源，然后在无源二端网络的端钮上外加一个电压源 u(或外加一个电流源 i)，求其端钮上的电流 (或求其端钮间的电压)，则等效电阻为

$$R_o = \frac{u}{i}$$

③ 开路—短路法。分别求出有源二端网络端口的开路电压u_{oc}和端口的短路电流i_{sc}，则等效电阻为

$$R_o = \frac{u_{oc}}{i_{sc}}$$

3. 诺顿定理

诺顿定理(Norton's theorem)是戴维南定理的对偶，内容是：任意线性有源(含有独立电源)二端电路 N，对外电路而言，总可以等效为一个电流源和一个线性电阻并联的支路(诺顿支路)。其中：电流源的电流等于网络 N 的端口短路电流i_{sc}，电阻等于网络 N 内部独立源置零后的端口置零后的入端电阻R_o。

诺顿定理的应用步骤：

① 断开所要求解的支路或局部网络，求出所余二端有源网络的短路电流i_{sc}；

② 令二端网络内独立源为零，求等效电阻(输入电阻)R_o；

③ 将待求支路或网络接入等效后的诺顿电源，求出解答。

诺顿等效电路除了用诺顿定理得到外，也可以根据戴维南等效电路等效变换得到。

4. 最大功率传输定理

最大功率传输定理研究的是电源与负载的关系。设一负载 R_L 接于电压型电源上，若该电源的电压 U 保持规定值和串联电阻R_o不变，负载R_L可变，则$R_L = R_o$时，负

载从电源获得的最大功率。最大功率值为：

$$P_{\max}=\frac{U^2}{4R_L}$$

此时，称负载与电源匹配或称最大功率匹配。

4.3　例题详解

1. 电路如图 4－1 所示，应用叠加定理计算电流 i_x，并计算阻值为 10 Ω 的电阻吸收的功率。

解：15 V 单独作用，如图 4－2 所示：

$$i_x'=\frac{15\ \text{V}}{12\ \Omega+\frac{10\ \Omega\times 40\ \Omega}{10\ \Omega+40\ \Omega}}\times\frac{40\ \Omega}{10\ \Omega+40\ \Omega}=0.6\ \text{A}$$

4 A 单独作用，如图 4－3 所示：

$$i_x''=-\frac{\frac{1}{10\ \Omega}}{\frac{1}{12\ \Omega}+\frac{1}{10\ \Omega}+\frac{1}{40\ \Omega}}\times 4\ \text{A}=-1.92\ \text{A}$$

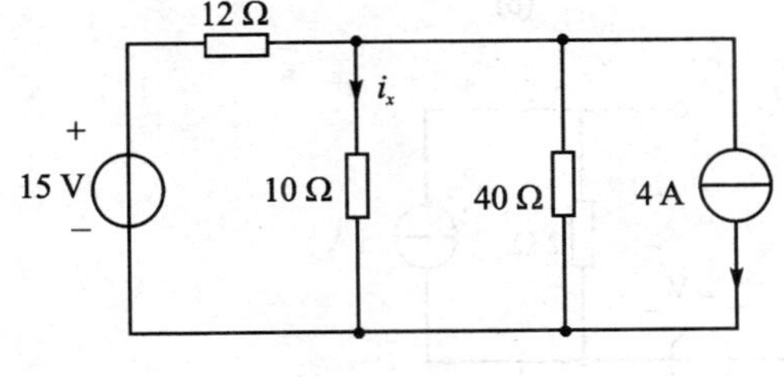

图 4－1

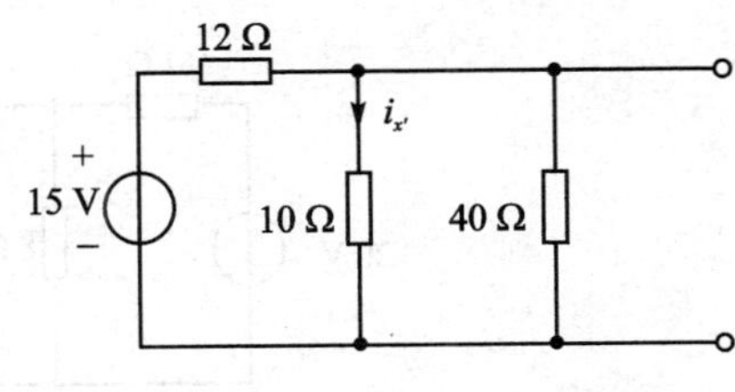

图 4－2

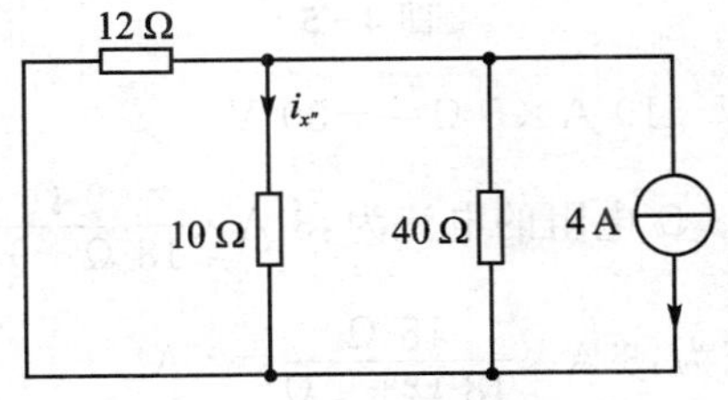

图 4－3

共同作用：$i_x=i_x'+i_x''=0.6\ \text{A}+(-1.92)\ \text{A}=-1.32\ \text{A}$

10 Ω 电阻的功率：$p=i_x^2R=(-1.32\ \text{A})^2\times 10\ \Omega=17.4\ \text{W}$

吸收功率为 17.4 W。

2. 用叠加定理求如图 4－4 所示电路中的电压 U。

解：应用叠加定理可求得

10 V 电压源单独作用时：

$$U' = U_{6\,\Omega} - U_{4\,\Omega} = \frac{15}{2}\ \text{V} - \frac{10}{3}\ \text{V} = \frac{25}{6}\ \text{V}$$

5A 电流源单独作用时：

$$U'' = 5\ \text{A}(4\ \Omega\ /\!/\ 8\ \Omega + 6\ \Omega\ /\!/\ 2\ \Omega) =$$

$$5\ \text{A}\left(\frac{32\ \Omega}{12\ \Omega} + \frac{12\ \Omega}{8\ \Omega}\right) = \frac{125}{6}\ \text{V}$$

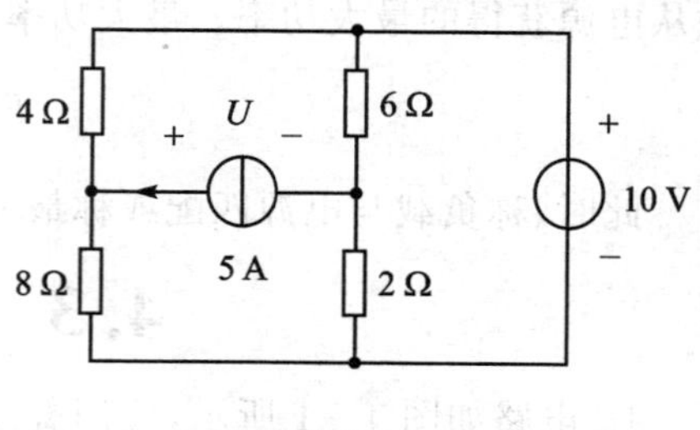

图 4-4

共同作用时电压为

$$U = U' + U'' = \frac{25}{6}\ \text{V} + \frac{125}{6}\ \text{V} = 25\ \text{V}$$

3. 求如图 4-5 所示各电路的开路电压。

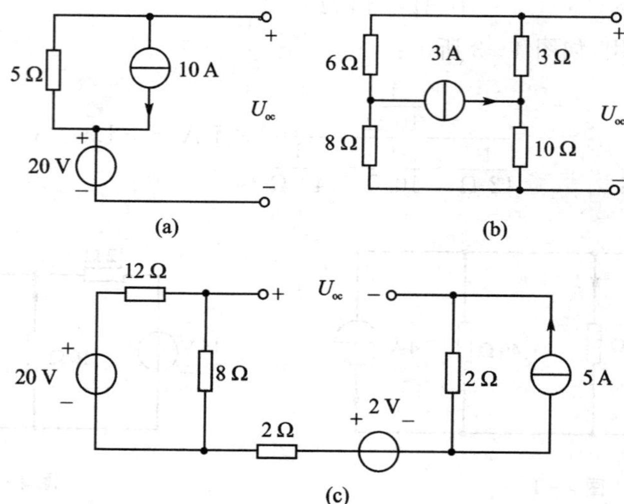

图 4-5

解：图(a)：$U_{OC} = 20\ \text{V} - 10\ \text{A} \times 5\ \Omega = -30\ \text{V}$

图(b)：开路时，流过 8 Ω 电阻的电流为：$3\ \text{A} \times \dfrac{9\ \Omega}{18\ \Omega + 9\ \Omega} = 1\ \text{A}$

流过 6 Ω 电阻的电流为：$3\ \text{A} \times \dfrac{18\ \Omega}{18\ \Omega + 9\ \Omega} = 2\ \text{A}$

可得：$U_{OC} = 2\ \text{A} \times 6\ \Omega - 1\ \text{A} \times 8\ \Omega = 4\ \text{V}$

图(c)：开路时，8 Ω 电阻的电压为：$20\ \text{V} \times \dfrac{8\ \Omega}{12\ \Omega + 8\ \Omega} = 8\ \text{V}$

2 Ω 电阻的电压为：$5\ \text{A} \times 2\ \Omega = 10\ \text{V}$

可得：$U_{OC} = 8\ \text{V} + 2\ \text{V} - 10\ \text{V} = 0\ \text{V}$

4. 电路如图 4-6 所示，求 a、b 两端的戴维南等效电路。

解：设参考方向如图 4-7 所示求开路电压，即

$$u_{oc} = 20\ \Omega \times 3\ \text{A} + 40\ \text{V} \times \frac{40\ \Omega}{10\ \Omega + 40\ \Omega} = 92\ \text{V}$$

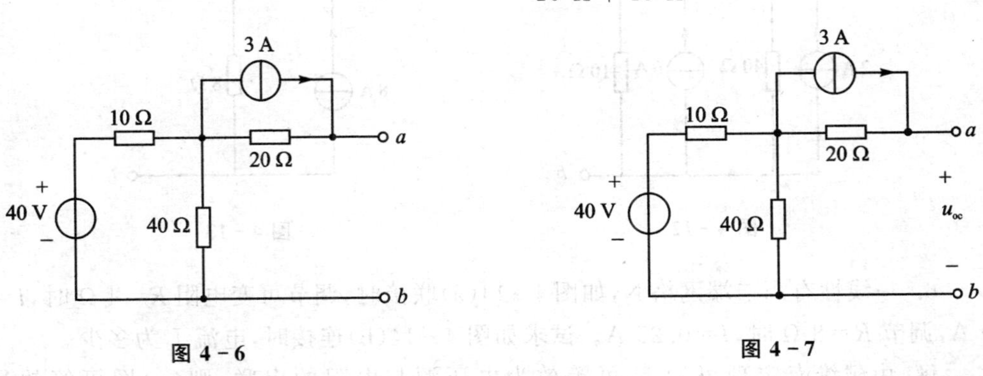

图 4 - 6　　　　图 4 - 7

将独立源置零，求等效电阻，如图 4 - 8 所示。

$$R_0 = 20\ \Omega + \frac{10\ \Omega \times 40\ \Omega}{10\ \Omega + 40\ \Omega} = 28\ \Omega$$

戴维南等效电路如图 4 - 9 所示。

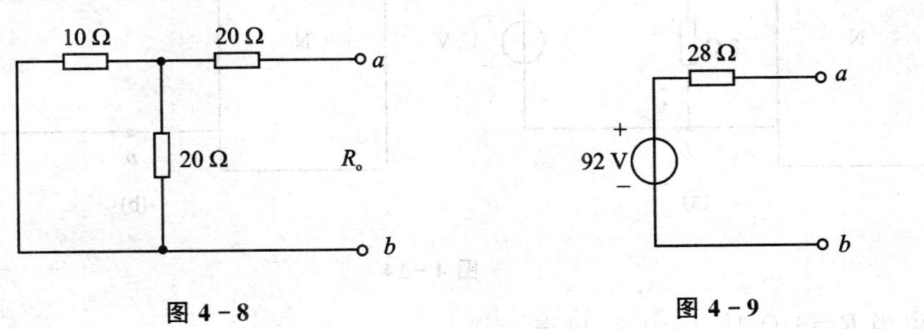

图 4 - 8　　　　图 4 - 9

5. 求图 4 - 10 所示电路 ab 端的诺顿等效电路。

解：利用电源变换求解，过程如图 4 - 11 和图 4 - 12 所示，诺顿等效电路如图 4 - 13所示。

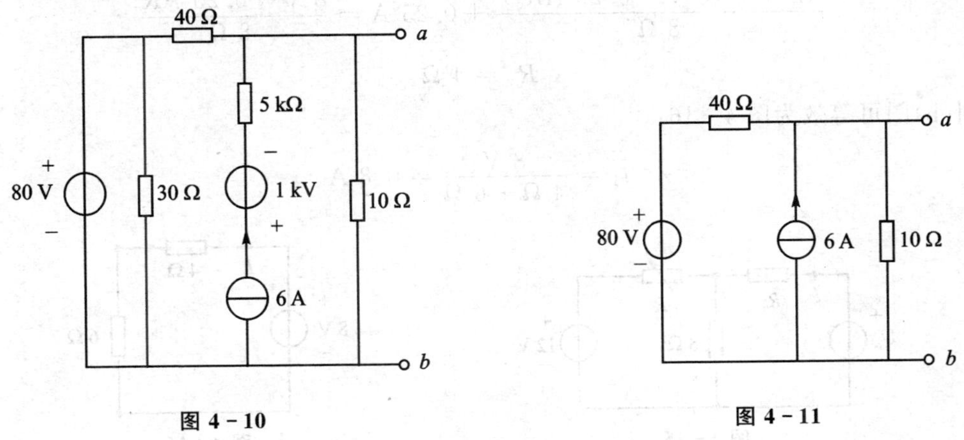

图 4 - 10　　　　图 4 - 11

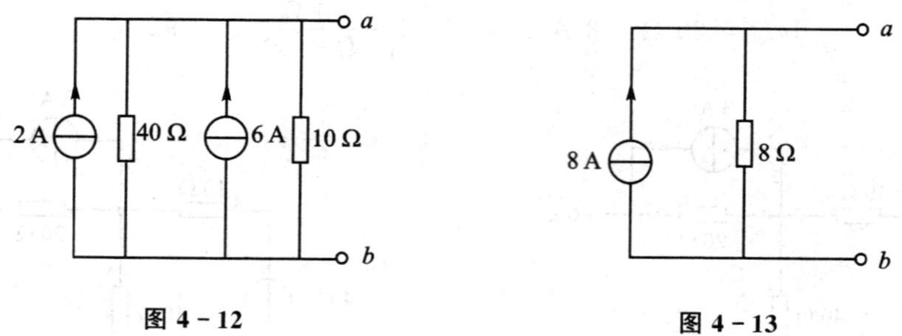

图 4-12　　　　图 4-13

6. 一线性有源二端网络 N，如图 4-14(a)联接时，调节可变电阻 $R=4\ \Omega$ 时，$I=0\ \text{A}$，调节 $R=8\ \Omega$ 时，$I=0.25\ \text{A}$。试求如图 4-14(b)连接时，电流 I_1 为多少。

解：由戴维南定理可知 N 可等效为电压源与电阻的串联，则(a)图可等效为图 4-15。

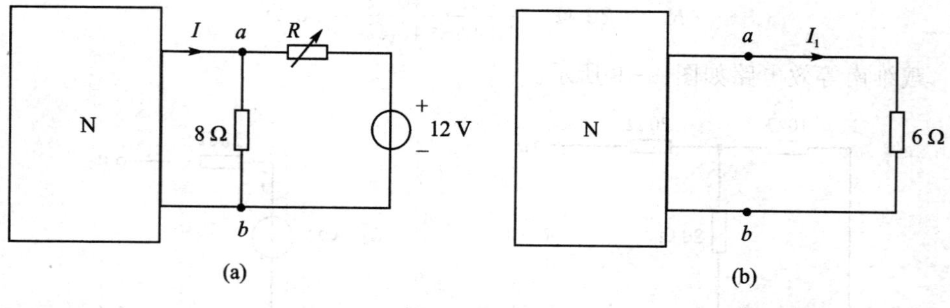

图 4-14

由当 $R=4\ \Omega$ 时，$I=0\ \text{A}$，可得

$$U_{\text{OC}}=\frac{8\ \Omega}{8\ \Omega+4\ \Omega}\times 12\ \text{V}=8\ \text{V}$$

由当 $R=8\ \Omega$ 时，$I=0.25\ \text{A}$，可得

$$\frac{12\ \text{V}-(8\ \text{V}-0.25\ \text{A}R_{\text{o}})}{8\ \Omega}+0.25\ \text{A}=\frac{8\ \text{V}-0.25\ \text{A}R_{\text{o}}}{8\ \Omega}$$

$$R_{\text{o}}=4\ \Omega$$

则(b)图可等效为图 4-16：

$$I_1=\frac{8\ \text{V}}{4\ \Omega+6\ \Omega}=0.8\ \text{A}$$

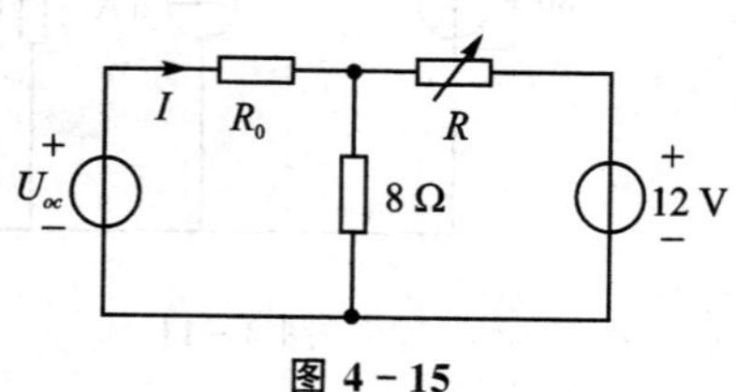

图 4-15

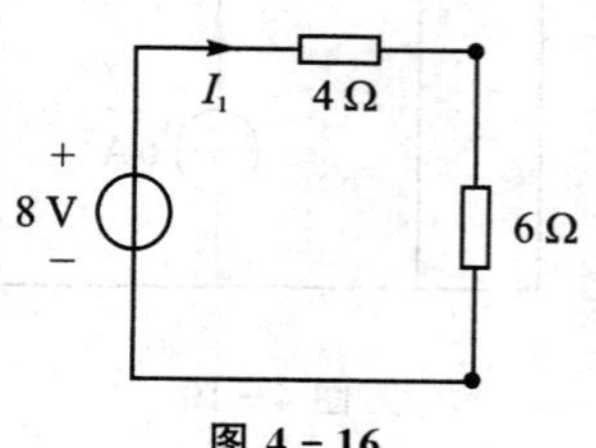

图 4-16

7. 如图 4-17 所示电路，试求 R 为何值时其可获得最大功率，并求出此最大功率值。

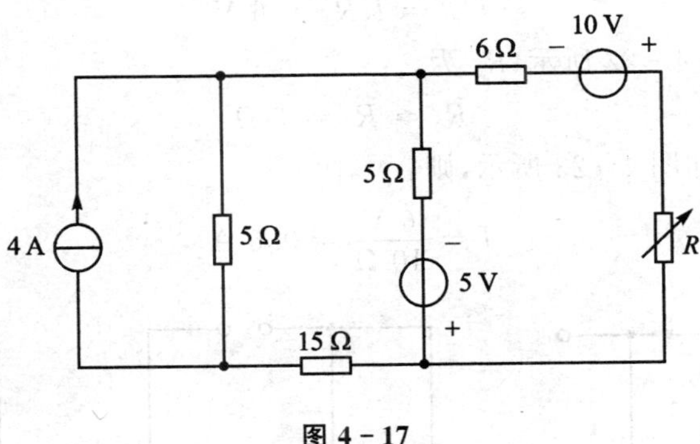

图 4-17

解：如图 4-18 所示，求 U_{oc}：

$$U_{oc}=\frac{5\ \Omega}{25\ \Omega}\times 4\ \text{A}\times 5\ \Omega-5\ \Omega+\frac{5\ \Omega}{25\ \Omega}\times 5\ \text{A}-5\ \text{V}+10\ \text{V}=5\ \text{V}$$

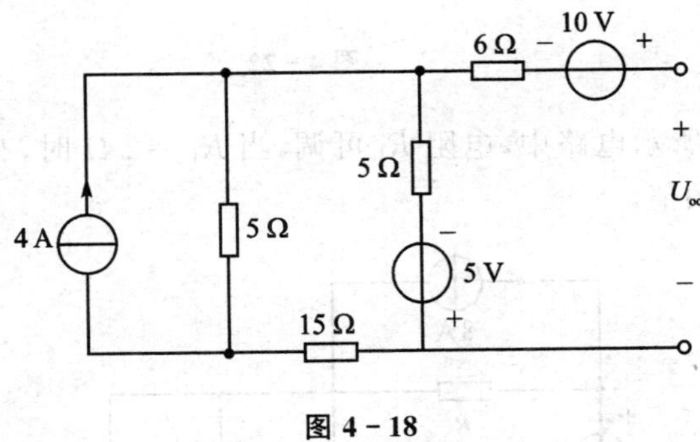

图 4-18

则等效电阻 R_o：

$$R_o=(5\ \Omega+15\ \Omega)\ /\!/\ 5\ \Omega+6\ \Omega=10\ \Omega$$

由戴维南等效电路（图 4-19）可得，当 $R=10\ \Omega$ 时可获得最大功率，且：

$$P_{L,MAX}=\frac{U_{OC}^2}{4R_0}=\frac{5\ \text{V}^2}{4\times 10\ \Omega}=0.625\ \text{W}$$

8. 已知 $U_S=2$ V，$I_S=2$ A，$R_1=2\ \Omega$，$R_2=2\ \Omega$，$R_3=3\ \Omega$，$R_4=7\ \Omega$，用戴维南定理求图 4-20 中的 I。

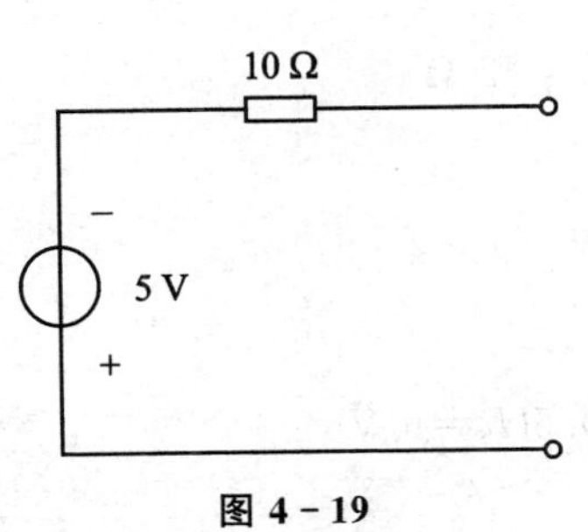

图 4-19

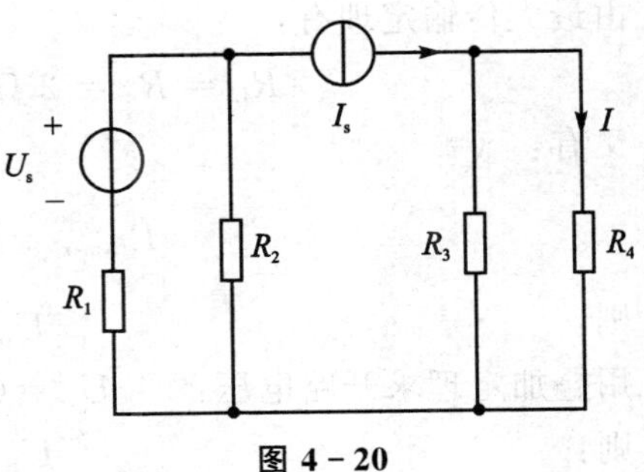

图 4-20

解：如图 4－21，开路电压 U_{oc} 为：

$$U_{oc} = I_S R_3 = 6\ \text{V}$$

电源置零如图 4－22 所示，R_o 为，

$$R_o = R_3 = 3\ \Omega$$

接上外电路，如图 4－23 所示，则：

$$I = \frac{6\ \text{V}}{10\ \Omega} = 0.6\ \text{A}$$

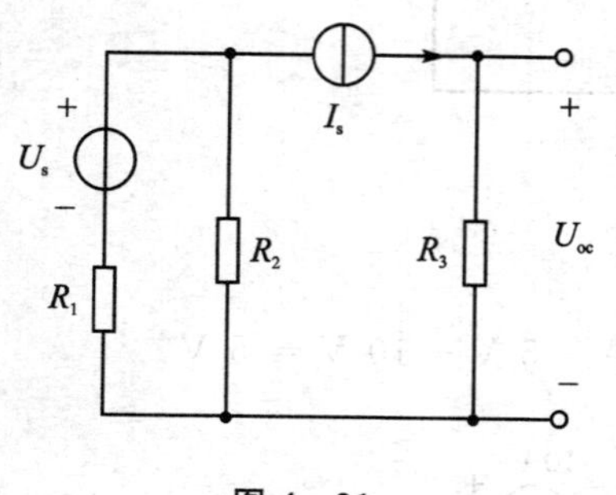

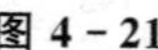
图 4－21

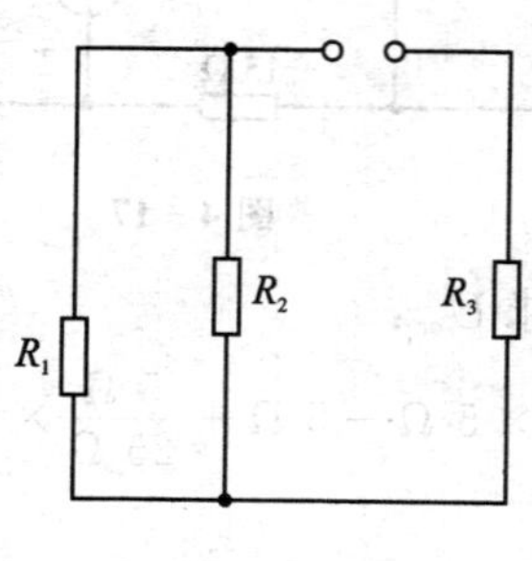

图 4－22

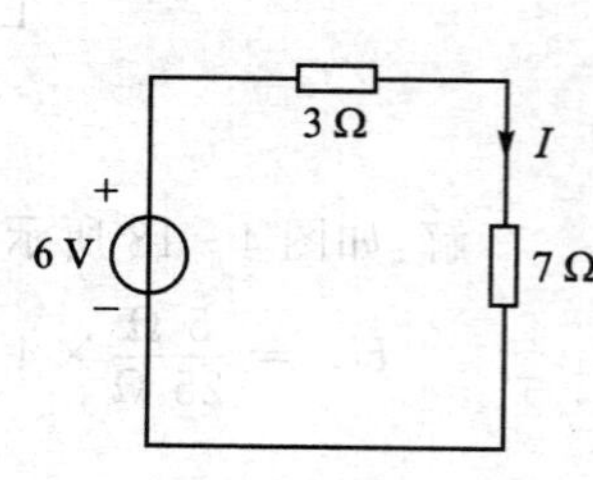

图 4－23

9. 如图 4－24 所示电路中，电阻 R_L 可调，当 $R_L=2\ \Omega$ 时，有最大功率 $P_{L,max}=4.5\ \text{W}$，求 R 和 U_S 的值。

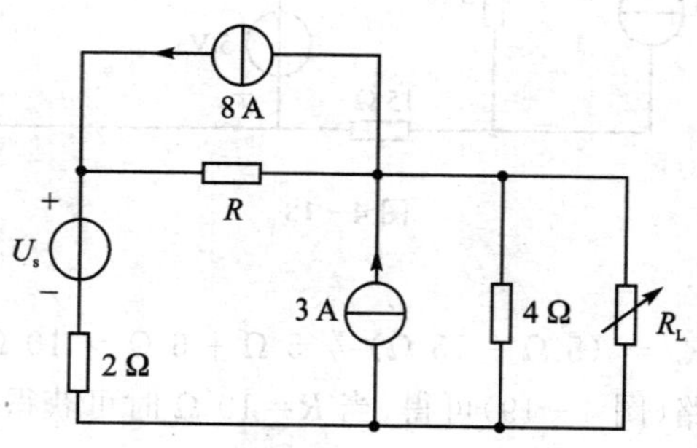

图 4－24

解：先将 R_L 移去，戴维南等效电阻为：

$$R_o = (2\ \Omega + R) \mathbin{/\!/} 4\ \Omega$$

由最大传输定理有：

$$R_L = R_o = 2\ \Omega \qquad \text{所以}, R = 2\ \Omega$$

又有：

$$P_{L,max} = \frac{U_{oc}^2}{4R_o} = 4.5\text{W}$$

则：$U_{oc}=6\ \text{V}$

用叠加定理求开路电压：$U_{oc}=6\ \text{V}-8\ \text{V}+0.5U_S=6\ \text{V}$

则：$U_S=16\ \text{V}$

4.4　章节练习

（一）填空题

1. 在使用叠加定理时应注意：叠加定理仅适用于__________电路；在各分电路中，要把不作用的电源置零，不作用的电压源__________处理，不作用的电流源__________处理。

2. 戴维南定理指出：一个含有独立源、受控源和线性电阻的二端网络，对外电路来说，可以用一个电压源和一个电阻的串联组合进行等效变换，电压源的电压等于二端网络的__________电压，串联电阻等于该二端网络全部__________置零后的输入电阻。

（二）单项选择题

1. 含源二端网络，测得其开路电压为 20 V，短路电流为 2 A，当外接 10 Ω 负载时，负载电流为（　　）。

A. 1.5 A　　B. 2 A　　C. 1 A　　D. 0.5 A

2. 如图 4-25 所示电路，电阻 R 等于（　　）。

A. 5 Ω　　B. 11 Ω　　C. 15 Ω　　D. 20 Ω

3. 如图 4-26 所示电路，a，b 之间的开路电压 U_{ab} 为（　　）。

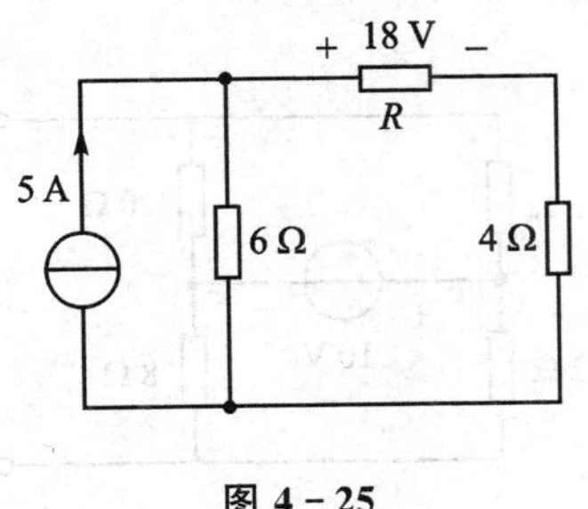

图 4-25

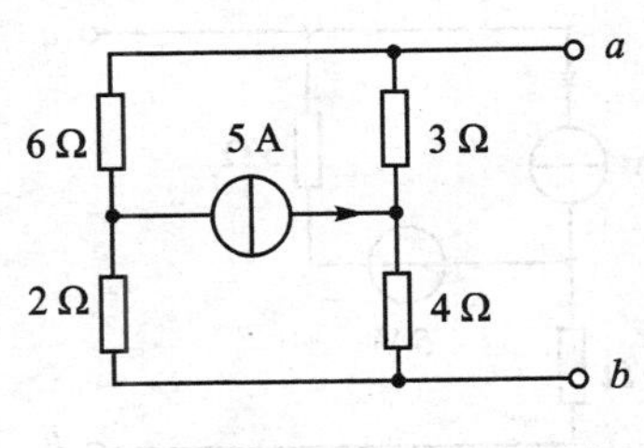

图 4-26

A. −6 V　　B. 6 V

C. −9 V　　D. 9 V

4. 图 4-27 所示有源二端网络的等效电阻 R_0 为（　　）。

A. 8 Ω　　B. 5 Ω

C. 3 Ω　　D. 2 Ω

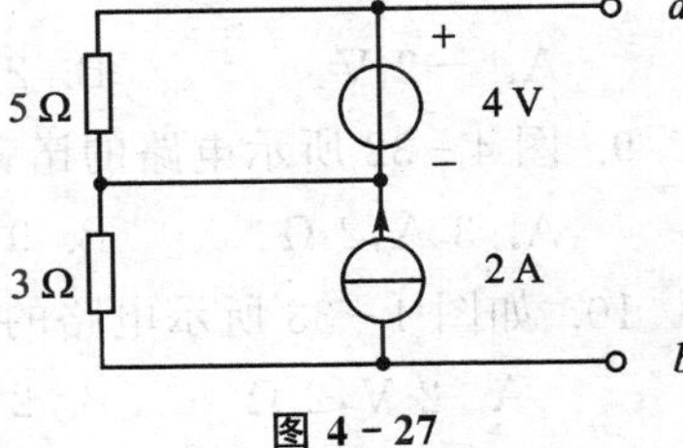

图 4-27

5. 图 4-28 所示电路中 a、b 之间的开路电压 U_{ab} 为（　　）。

A. 25 V　　B. 35 V　　C. 50 V　　D. 60 V

6. 图 4－29 所示网络 N 端口的电压电流关系为 $4U=40+8I$，则该网络的诺顿等效电路为(　　)。

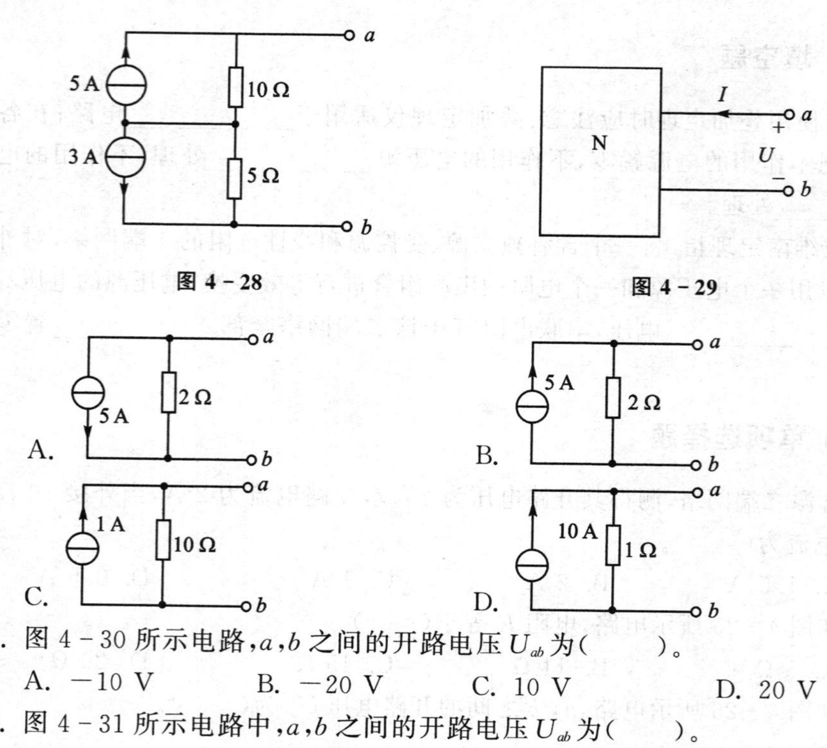

图 4－28　　图 4－29

7. 图 4－30 所示电路，a，b 之间的开路电压 U_{ab} 为(　　)。

A. －10 V　　B. －20 V　　C. 10 V　　D. 20 V

8. 图 4－31 所示电路中，a，b 之间的开路电压 U_{ab} 为(　　)。

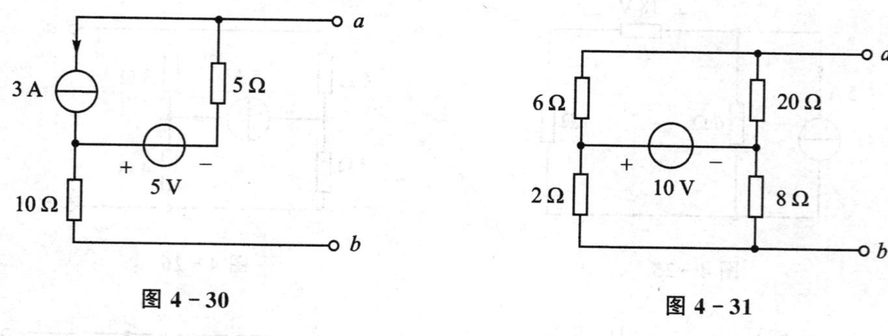

图 4－30　　图 4－31

A. －2 V　　B. 2 V　　C. －4 V　　D. 4 V

9. 图 4－32 所示电路的诺顿等效电路参数为(　　)。

A. 3 A，2 Ω　　B. 9 A，3 Ω　　C. 6 A，3 Ω　　D. 6 A，1 Ω

10. 如图 4－33 所示电路的戴维南等效电路的参数为(　　)。

A. 2 V，2 Ω　　B. 2 V，1 Ω　　C. 1 V，1 Ω　　D. 1 V，2 Ω

11. 图 4－34 所示电路的开路电压 U_{oc}＝(　　)。

A. 5 V　　B. 9 V　　C. 6 V　　D. 8 V

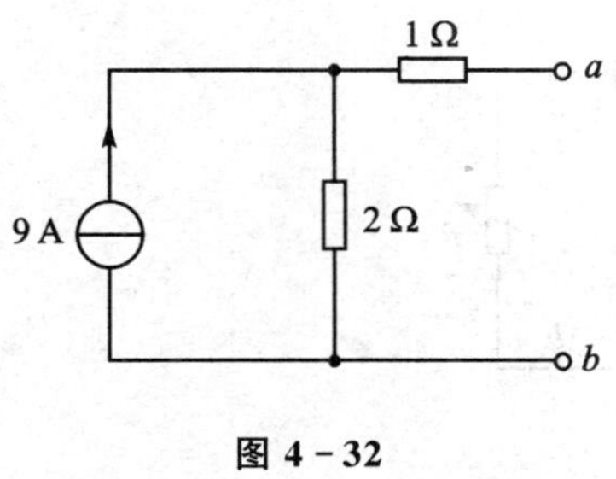

图 4－32

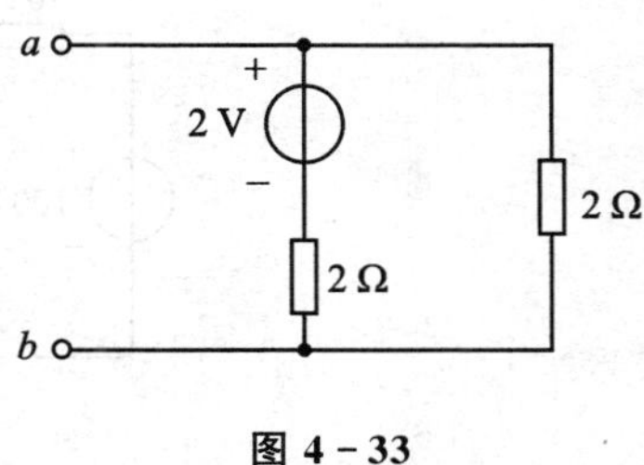

图 4－33

12. 图 4－35 所示电路戴维南等效电路的参数为（　　）。

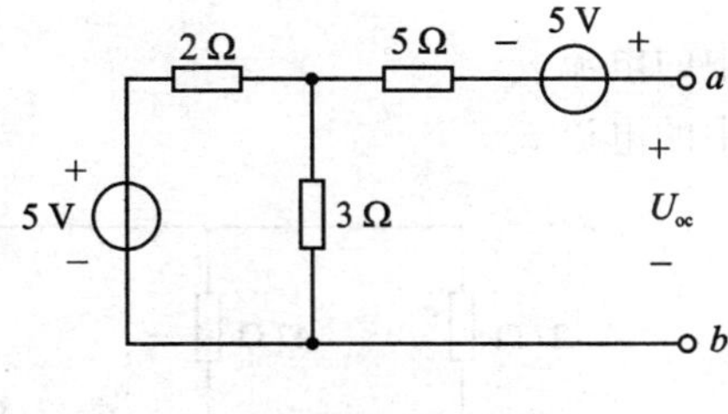

图 4－34

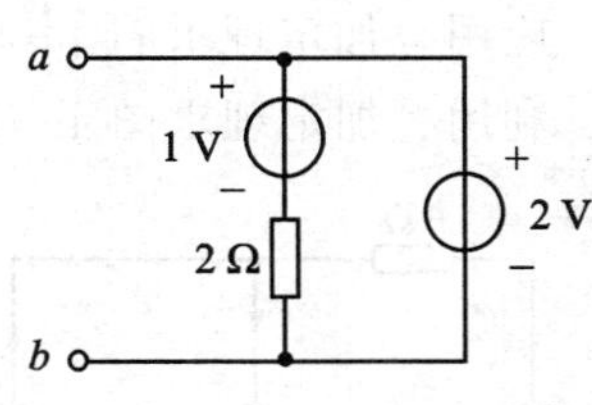

图 4－35

A. 4 V，2 Ω　　B. 2 V，2 Ω

C. 1 V，1 Ω　　D. 2 V，0 Ω

13. 图 4－36 所示电路中，a、b 之间的开路电压 U_{ab} 为（　　）

A. －18 V　　B. －6 V

C. 6 V　　D. 18 V

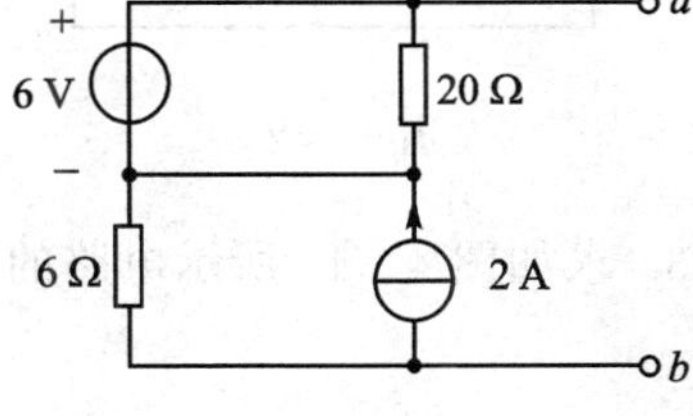

图 4－36

14. 图 4－37 所示电路中，$U_S=2$ V，$R_1=3$ Ω，$R_2=2$ Ω，$R_3=0.8$ Ω，它的诺顿等效电路中，I_{SC} 和 R_0 应为（　　）。

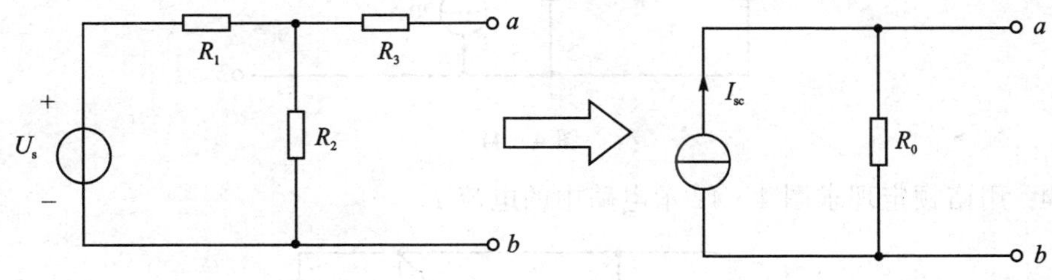

图 4－37

A. 2.5 A，2 Ω　　B. 0.2 A，2 Ω　　C. 0.4 A，2 Ω　　D. $\frac{2}{7}$ A，2.8 Ω

15. 使图 4－38 所示电路在电阻 R 上获得最大功率，则可变电阻 R 的数值为（　　）。

A. 9 Ω　　B. 10 Ω　　C. 11 Ω　　D. 12 Ω

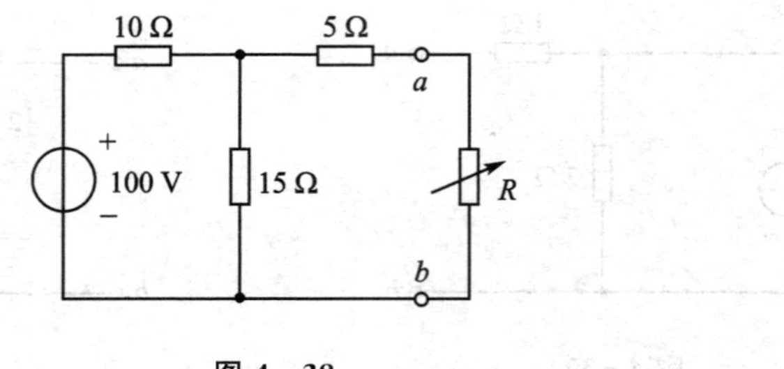

图 4－38

（三）计算题

1．应用叠加定理求图 4－39 所示电路中的电流 i。

2．利用叠加定理求图 4－40 所示电路中的电流 i。

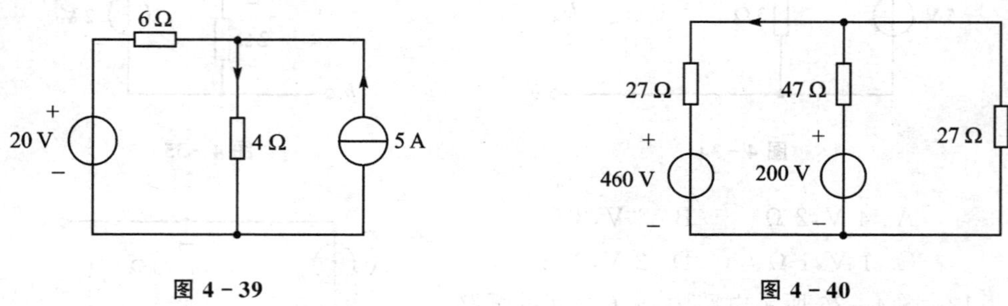

图 4－39　　图 4－40

3．求如图 4－41 所示电路的戴维南等效电路。

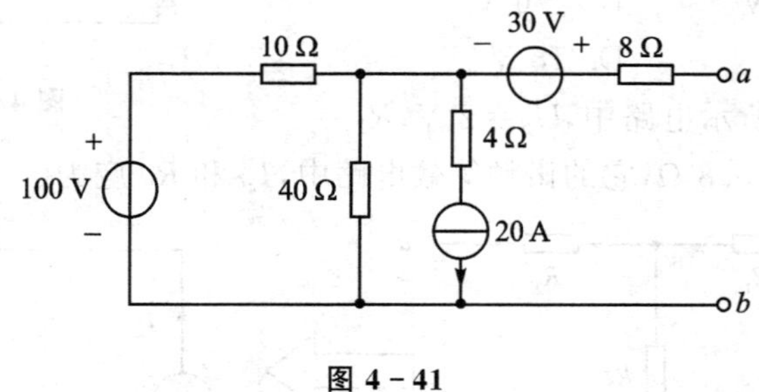

图 4－41

4．用诺顿定理求图 4－42 示电路中的电流 I。

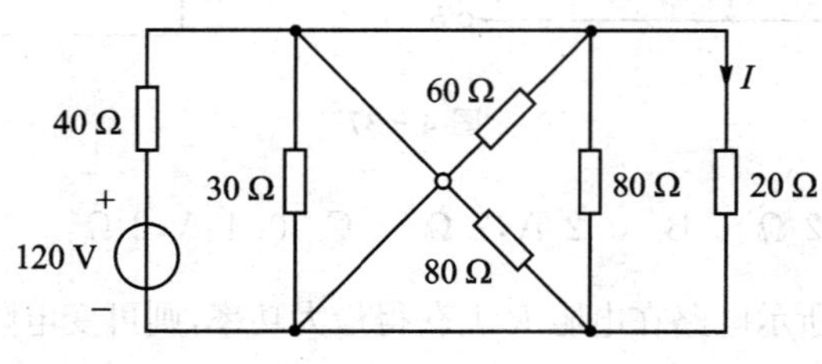

图 4－42

5. 求如图 4-43 所示电路中的电压 U_{ab}，并作出可以求得 U_{ab} 的最简单的等效电路。

6. 如图 4-44 所示电路的电流 $I=2$ A，试确定电阻 R 的值。

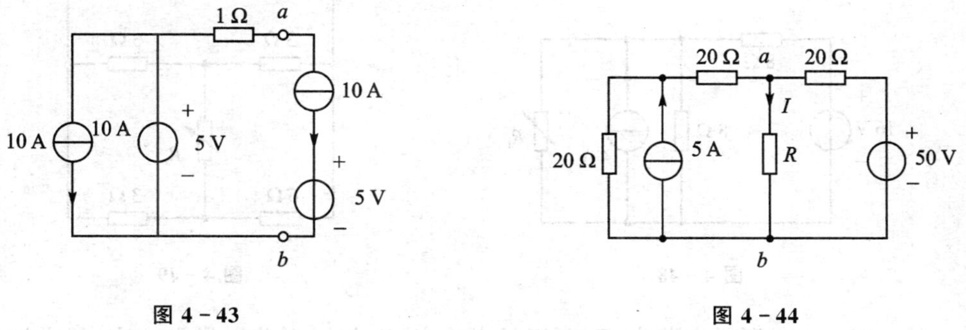

图 4-43　　图 4-44

7. 如图 4-45 所示电路中，已知 $U_s=6$ V，$I_S=2$ A，$R_1=3$ Ω，$R_2=6$ Ω，$R_3=5$ Ω，$R_4=7$ Ω。用戴维南定理计算电阻 R_4 中的电流 I_4。

8. 已知 $U_S=15$ V，$R=1.4$ Ω，$R_1=6$ Ω，$R_2=1$ Ω，$R_3=3$ Ω，$R_4=2$ Ω。用戴维南定理求图 4-46 所示电路中的电流 I。

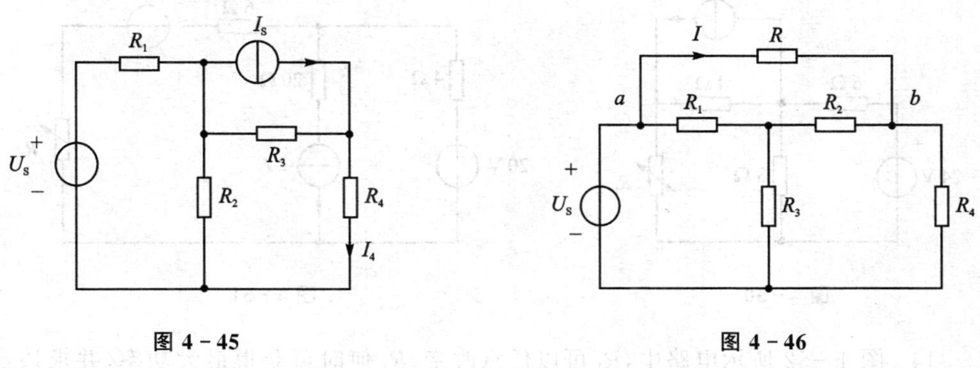

图 4-45　　图 4-46

9. 如图 4-47 所示电路中，当 R 为多大时，它吸收的功率最大，求此最大功率。

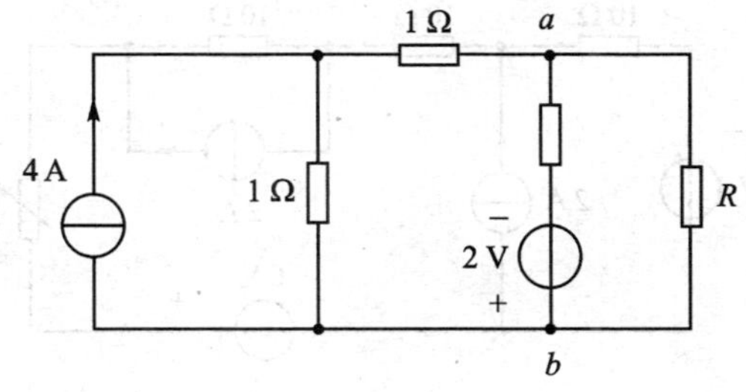

图 4-47

10. 如图 4-48 所示电路中，R_L 可任意改变，问 R_L 为何值时其上可获得最大功率，并求该最大功率 $P_{L,max}$。

11. 计算图 4－49 所示电路中负载电阻获得的最大功率。

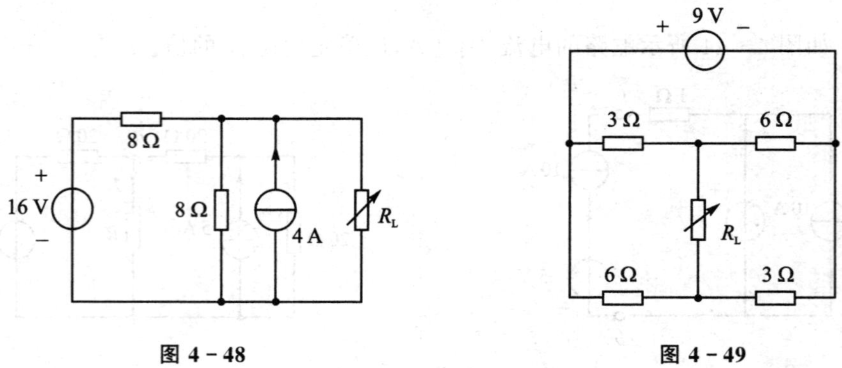

图 4－48　　　图 4－49

12. 图 4－50 所示电路中，R_L可以任意改变，R_L何时可获得最大功率，并求该最大功率$P_{L,max}$。

13. 如图 4－51 所示电路中，R_L可以任意改变，R_L何时可获得最大功率，并求该最大功率$P_{L,max}$。

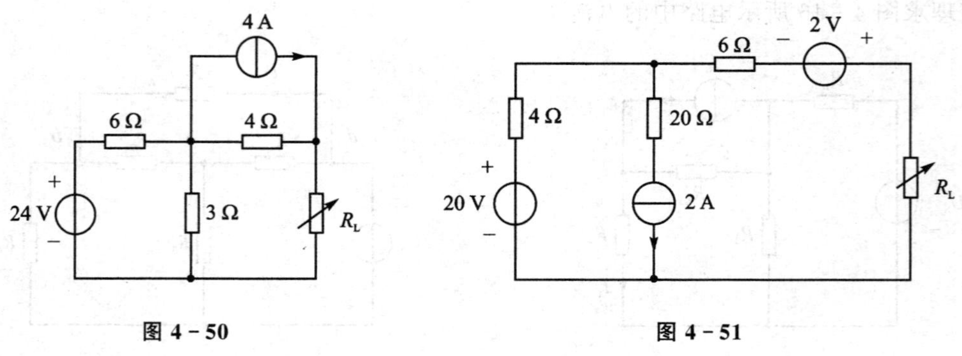

图 4－50　　　图 4－51

14. 图 4－52 所示电路中，R_L可以任意改变，R_L何时可获得最大功率，并求该最大功率$P_{L,max}$。

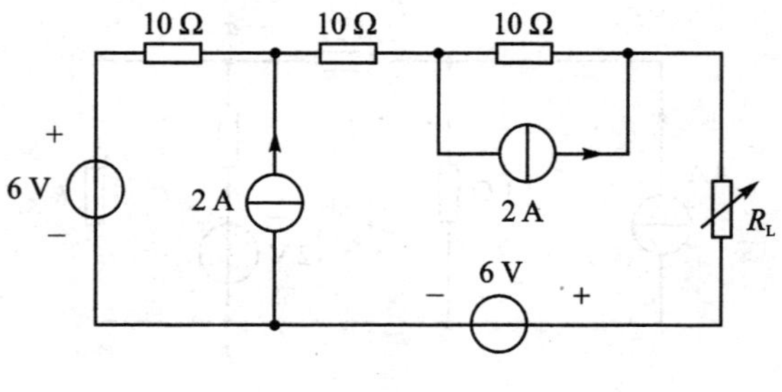

图 4－52

15. 图 4－53 所示电路中，R_L可以任意改变，R_L为何值时 R_L上可获得最大功率，并求该最大功率$P_{L,max}$。

16. 电路如图 4－54 所示，求 R_L 为何值时，R_L 消耗的功率最大，最大功率为多少。

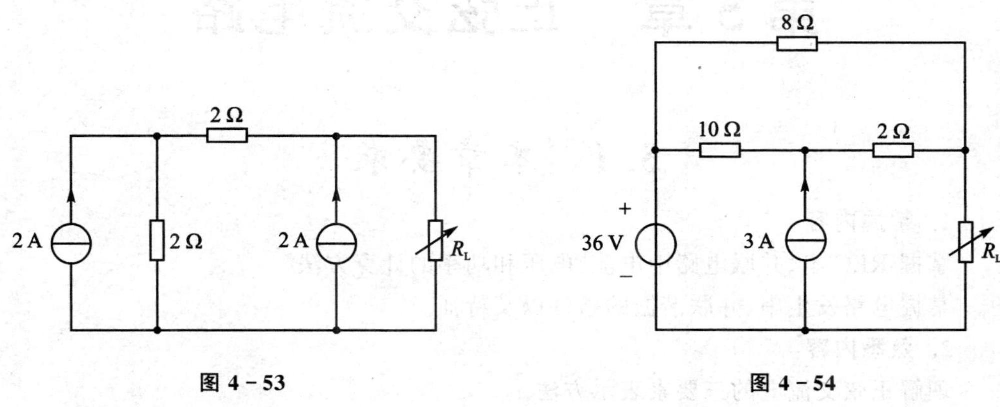

图 4－53　　　　图 4－54

第 5 章　正弦交流电路

5.1　本章要求

1. 掌握内容

掌握 RLC 串、并联电路中电流、电压和功率的计算方法。

掌握电路发生串、并联谐振的条件以及特征。

2. 熟悉内容

理解正弦交流电的三要素表示方法。

理解单一参数正弦交流电路中电压与电流的关系，理解有功功率、无功功率、阻抗的概念。

5.2　学习指导

1. 指导思想

首先应该明确一个重要的指导思想，即为什么引入相量及相量法。正弦电压 $u(t)$或电流 $i(t)$的相量形式就是用复数来进行表示，运用复数分析电路的方法称为相量法。引入相量及相量法便于简化电路的分析和计算。从而 KCL 和 KVL 有如下时域和相量域的对应关系：

$$\begin{cases}\sum i(t)=0\\ \sum u(t)=0\end{cases} \Rightarrow \begin{cases}\sum \dot{I}=0\\ \sum \dot{U}=0\end{cases}$$

2. 阻抗和导纳

阻抗与导纳是正弦稳态电路对应的相量模型中两个重要的概念。引入阻抗或导纳后，线性电阻电路的分析方法均可以移植到相量模型的分析中。其中，最基本的关系是：

$$R:\quad \dot{U}_R=R\dot{I}$$

$$L:\quad \dot{U}_L=\mathrm{j}\omega L\dot{I}$$

$$C:\quad \dot{U}_C=\frac{1}{\mathrm{j}\omega C}\dot{I}$$

$$Z:\quad \dot{U}=(R+\mathrm{j}X)\dot{I}=Z\dot{I}$$

3. 相　量

与电阻电路不同的是，电压相量或电流相量和阻抗一般既有大小又有相角。若二端电路中无源，如图 5-1 所示，则有

$$\frac{\dot{U}}{\dot{I}}=\frac{U\angle\theta_{\mathrm{u}}}{I\angle\theta_{\mathrm{i}}}=\frac{U}{I}\angle\theta_{\mathrm{u}}-\theta_{\mathrm{i}}$$

又

$$\frac{\dot{U}}{\dot{I}}=Z=|Z|\angle\varphi$$

$$|Z|=\sqrt{R^2+X^2},\quad \varphi=\arctan\frac{X}{R}$$

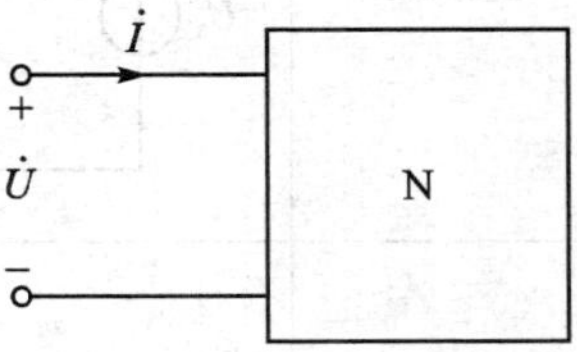

图 5-1

故

$$\begin{cases}\dfrac{U}{I}=\sqrt{R^2+X^2}\\ \varphi=\theta_u-\theta_i=\arctan\dfrac{X}{R}\end{cases}$$

4. 功　率

正弦稳态电路中的功率涉及多种概念，如平均功率（有功功率）、无功功率、复功率、视在功率、功率因数等。应重点理解平均功率。

平均功率最重要的关系是：

$$P=UI\cos(\theta_u-\theta_i)$$

它既适用于纯电阻、电感、电容单个元件，也适用于一部分电路。如果这部分电路是有源的，则只要找到电压 $\dot{U}$ 的相位 θ_{u} 和电流 $\dot{I}$ 的相位 θ_i，即可确定 $\cos(\theta_u-\theta_i)$；如果这部分电路是无源的，则 $(\theta_u-\theta_i)$ 就是这部分电路等效阻抗的阻抗角 φ。

功率因数（$\lambda=\cos\varphi$）的概念应用较多，应结合平均功率理解。

5. 相量法

相量方法是一种符号法，即把正弦信号作用于电路的微分方程求特解的问题转化为代数（复数）方法。这一过程可以称为变换，如图 5-2 所示。

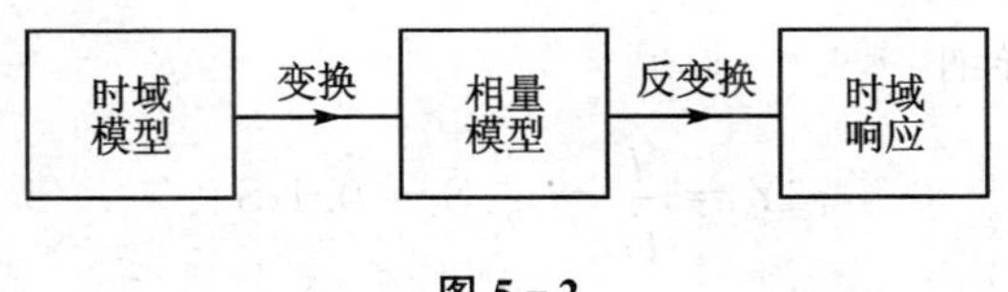

图 5-2

6. 谐振电路

对于谐振电路，要在理解概念的基础上，重点掌握两种电路的谐振特性，如表 5-1所列。

表 5-1 RLC 串联、并联谐振电路特性

	RLC 串联电路	RLC 并联电路
电路形式	R、L、C 与 $\dot{U}_S$ 串联，电流 $\dot{I}$	i_S、R、L、C 并联，电压 u，电流 i_R、i_L、i_C
谐振频率	$\omega_0=\frac{1}{\sqrt{LC}}$ rad/s $f_0=\frac{1}{2\pi\sqrt{LC}}$ Hz	$\omega_0=\frac{1}{\sqrt{LC}}$ rad/s $f_0=\frac{1}{2\pi\sqrt{LC}}$ Hz
品质因数	$Q_0=\frac{\omega_0 L}{R}=\frac{1}{\omega_0 CR}$	$Q_0=\frac{\omega_0 C}{G}=\frac{1}{\omega_0 LG}$
通频带	$\Delta f=\frac{f_0}{Q_0}$ Hz $\Delta\omega=\frac{\omega_0}{Q_0}=\frac{R}{L}$ rad/s	$\Delta f=\frac{f_0}{Q_0}$ Hz $\Delta\omega=\frac{\omega_0}{Q_0}=\frac{G}{C}$ rad/s
谐振特点	$\omega_0 L=\frac{1}{\omega_0 C}$(谐振条件) $Z_0=R$(其值最小) $I_0=\frac{U_S}{R}$(其值最大) $U_L=U_C=Q_0 U_S$	$\omega_0 C=\frac{1}{\omega_0 L}$(谐振条件) $Y_0=G$(其值最小) $U_0=\frac{I_S}{G}$(其值最大) $I_L=I_C=Q_0 I_S$

5.3 例题详解

1. 如图 5-3 所示电路，已测得 $U=20$ V，$I=2$ A，且 $\dot{U}$ 与 $\dot{I}$ 同相，电源角频率 $\omega=10$ rad/s，求 R 和 L。

解 由已知得导纳

$$Y=\frac{\dot{I}}{\dot{U}}=\frac{2}{20}\text{S}=0.1\ \text{S}$$

又

$$Y=\frac{1}{R+\text{j}\omega L}+\text{j}\omega C=\frac{R}{R^2+\omega^2L^2}+\text{j}\left(\omega C-\frac{\omega L}{R^2+\omega^2L^2}\right)$$

$$=\frac{R}{R^2+\omega^2L^2}+\text{j}\left(0.2-\frac{\omega L}{R^2+\omega^2L^2}\right)$$

故应有

$$\begin{cases}\dfrac{R}{R^2+\omega^2L^2}=0.1\\ \dfrac{\omega L}{R^2+\omega^2L^2}=0.2\end{cases}$$

可解得

$$\begin{cases}R=2\ \Omega\\ L=0.4\ \mathrm{H}\end{cases}$$

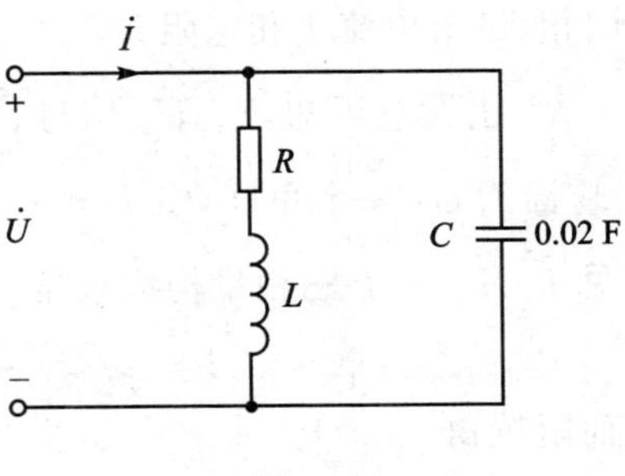

图 5-3

2. 如图 5-4(a)所示电路。设$U_S=100$ V，$\omega=1\ 000$ rad/s,，当负载Z_L任意可变但保持电流$I_L=5$ A时，试确定参数L和C。

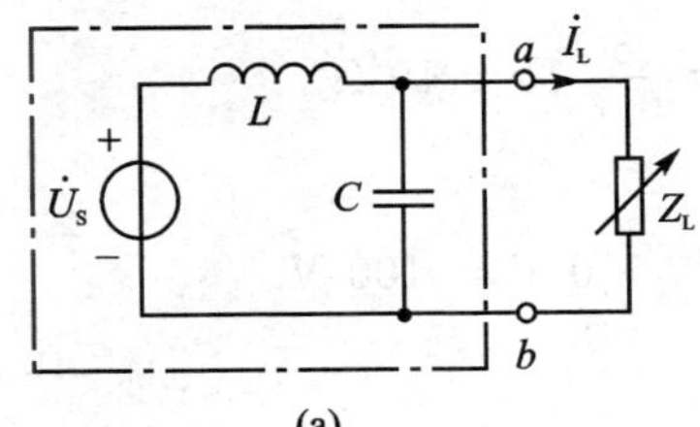

(a)

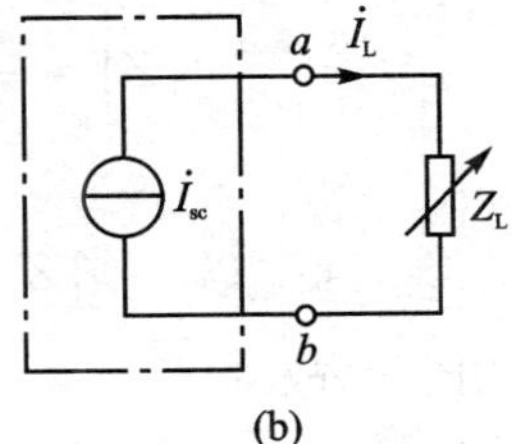

(b)

图 5-4

解：为使I_L保持不变，应要求ab左边电路等效为一个电流源，如图 5-4(b)所示。即短路电流为

$$\dot{I}_{SC}=\frac{\dot{U}_S}{j\omega L}$$

等效导纳应

$$Y_0=\frac{1}{j\omega L}+j\omega C=0$$

即

$$\omega L=\frac{1}{\omega C}$$

为保证

$$I_{SC}=\frac{U_S}{\omega L}=5\ \mathrm{A}$$

故

$$L=\frac{U_S}{\omega I_{SC}}=\frac{100\ \mathrm{V}}{1\ 000\ \mathrm{rad/s}\times 5\ \mathrm{A}}\ \mathrm{H}=0.02\ \mathrm{H}$$

进而

$$C=\frac{1}{\omega^2 L}=\frac{1}{0.02\times 10^6}\ \mathrm{F}=50\ \mu\mathrm{F}$$

3. 如图 5-5(a)所示电路，已知$I_1=8$ A，$I_2=10$ A，$R_2=6\ \Omega$，$U=220$ V，且$\dot{U}$与

$\dot{I}$ 同相,试求电流 I 和电阻 R。

解:由题意可知,$\dot{U}_1$、$\dot{U}_2$ 均与 $\dot{U}$ 同相。选 $\dot{U}_2$ 为参考相量,$\dot{I}_1$ 应超前 $\dot{U}_2$ 为 90 °,$\dot{I}_2$ 应滞后 $\dot{U}_2$ 一个角度,但 $\dot{I}_1+\dot{I}_2$ 的初相位应为 0 °,则相量图如图 5 - 5(b)所示。可见 $\dot{I}_1$、$\dot{I}_2$ 和 $\dot{I}$ 三相量构成直角三角形。故

$$I = \sqrt{I_2^2 - I_1^2} = \sqrt{100-64}\ \text{A} = 6\ \text{A}$$

从而阻抗角

$$\varphi = \arctan\frac{8}{6} = 53.1\ °$$

设 R_L和 L 串联支路的阻抗为 Z_2,则其模值

$$|Z| = \frac{R_2}{\cos\varphi} = \frac{6}{0.6}\ \Omega = 10\ \Omega$$

故

$$U_2 = |Z|I_2 = 10\times 10\ \text{V} = 100\ \text{V}$$

因 $\dot{U}_1$、$\dot{U}_2$ 和 $\dot{U}$ 同相,故

$$U_1 = U - U_2 = 220\ \text{V} - 100\ \text{V} = 120\ \text{V}$$

所以

$$R_1 = \frac{U_1}{I} = \frac{120\ \text{V}}{6\ \text{A}} = 20\ \Omega$$

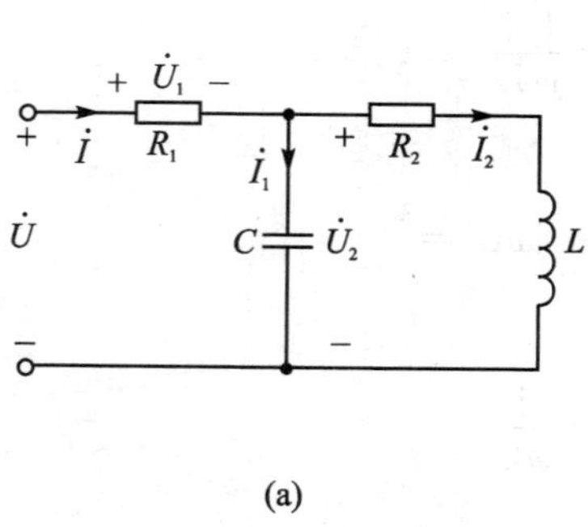

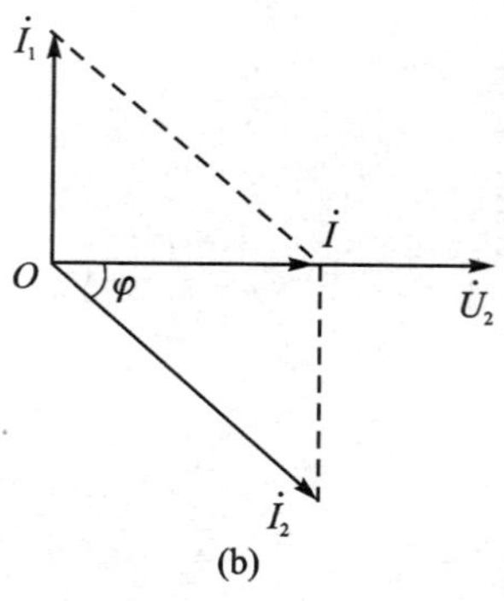

图 5 - 5

4. 如图 5 - 6 所示电路可以实现电感。设 $R_1=1\ \text{k}\Omega$,$R_2=2\ \text{k}\Omega$,$R_3=3\ \text{k}\Omega$,$R_4=4\ \text{k}\Omega$,$C=100\ \text{pF}$,试求 Z_{in}。

解:由图 5 - 6 知,$\dot{U}_0=\dot{U}_1$,$\dot{U}_a=\dot{U}_1-R_1\dot{I}_1$

所以

$$\dot{I}_2 = \frac{\dot{U}_1-\dot{U}_a}{R_2} = \frac{\dot{U}_1-\dot{U}_1+R_1\dot{I}_1}{R_2} = \frac{R_1}{R_2}\dot{I}_1$$

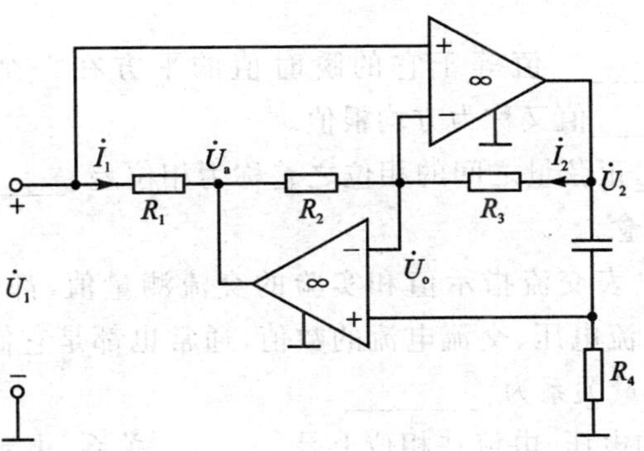

图 5-6

$$\dot{U}_2 = \dot{U}_1 + R_3\dot{I}_2 = \dot{U}_1 + \frac{R_1R_3}{R_2}\dot{I}_1$$

又

$$\dot{I}_4 = \frac{\dot{U}_1}{R_4}$$

$$\dot{U}_2 = \dot{U}_1 + \frac{1}{\mathrm{j}\omega C}\dot{I}_4 = \dot{U}_1 + \frac{\dot{U}_1}{\mathrm{j}\omega CR_4}$$

故

$$\dot{U}_1 + \frac{R_1R_3}{R_2}\dot{I}_1 = \dot{U}_1 + \frac{\dot{U}_1}{\mathrm{j}\omega CR_4}$$

从而得

$$Z_{\mathrm{in}} = \frac{\dot{U}_1}{\dot{I}_1} = \mathrm{j}\omega\frac{CR_1R_3R_4}{R_2} = \mathrm{j}\omega L_{\mathrm{in}}$$

等效电感为

$$L_{\mathrm{in}} = 0.6\ \mathrm{mH}$$

若 $C=10\ \mu\mathrm{F}$,则等效电感

$$L_{\mathrm{in}} = 60\ \mathrm{H}$$

5.4 章节练习

(一) 填空题

1. 正弦交流电的三要素是指正弦量的________、________和________。

2. 反映正弦交流电振荡幅度的量是它的________;反映正弦量随时间变化快慢程度的量是它的________;确定正弦量计时始位置的是它的________。

3. 已知一正弦量 $i=7.07\sin(314t-30°)$A,则该正弦电流的最大值是________A;有效值是________ A;角频率是________ rad/s;频率是________ Hz;周期是

________s。

4. 正弦量的________值等于它的瞬时值的平方在一个周期内的平均值的________,所以________值又称为方均根值。

5. 两个________正弦量之间的相位之差称为相位差,________频率的正弦量之间不存在相位差的概念。

6. 实际应用的电表交流指示值和实验的交流测量值,都是交流电的________值。工程上所说的交流电压、交流电流的数值,通常也都是它们的________值,此值与交流电最大值的数量关系为:________。

7. 电阻元件上的电压、电流在相位上是________关系;电感元件上的电压、电流相位存在________关系,且电压________电流;电容元件上的电压、电流相位存在________关系,且电压________电流。

8. ________的电压和电流构成的是有功功率,用 P 表示,单位为________;________的电压和电流构成无功功率,用 Q 表示,单位为________。

9. 能量转换中过程不可逆的功率称________功功率,能量转换中过程可逆的功率称________功功率。能量转换过程不可逆的功率意味着不但________,而且还有________;能量转换过程可逆的功率则意味着只________不________。

10. 正弦交流电路中,电阻元件上的阻抗 $|z|=$________,与频率________;电感元件上的阻抗 $|z|=$________,与频率________;电容元件上的阻抗 $|z|=$________,与频率________。

11. 与正弦量具有一一对应关系的复数电压、复数电流称之为________。最大值________的模对应于正弦量的________值,有效值________的模对应正弦量的________值,它们的幅角对应正弦量的________。

12. 单一电阻元件的正弦交流电路中,复阻抗 $Z=$________;单一电感元件的正弦交流电路中,复阻抗 $Z=$________;单一电容元件的正弦交流电路中,复阻抗 $Z=$________;电阻电感相串联的正弦交流电路中,复阻抗 $Z=$________;电阻电容相串联的正弦交流电路中,复阻抗 $Z=$________;电阻电感电容相串联的正弦交流电路中,复阻抗 $Z=$________。

13. 单一电阻元件的正弦交流电路中,复导纳 $Y=$________;单一电感元件的正弦交流电路中,复导纳 $Y=$________;单一电容元件的正弦交流电路中,复导纳 $Y=$________;电阻电感电容相并联的正弦交流电路中,复导纳 $Y=$________。

14. 按照各个正弦量的大小和相位关系用初始位置的有向线段画出的若干个相量的图形,称为________图。

15. 相量分析法是把正弦交流电路用相量模型来表示,其中正弦量用________代替,R、L、C 电路参数用对应的________表示,则直流电阻性电路中所有的公式定律均适用于对相量模型的分析,只是计算形式以________运算代替了代数运算。

16. 有效值相量图中,各相量的线段长度对应了正弦量的________值,各相量与正向实轴之间的夹角对应正弦量的________。相量图直观地反映了各正弦量之间的________关系和________关系。

17. R、L、C 串联电路中，电路复阻抗虚部大于零时，电路呈________性；若复阻抗虚部小于零时，电路呈________性；当电路复阻抗的虚部等于零时，电路呈________性，此时电路中的总电压和电流相量在相位上呈________关系，称电路发生串联________。

18. R、L、C 并联电路中，电路复导纳虚部大于零时，电路呈________性；若复导纳虚部小于零时，电路呈________性；当电路复导纳的虚部等于零时，电路呈________性，此时电路中的总电流、电压相量在相位上呈________关系，称电路发生并联________。

19. R、L 串联电路中，测得电阻两端电压为 120 V，电感两端电压为 160 V，则电路总电压是________V。

20. 复功率的实部是________功率，单位是________；复功率的虚部是________功率，单位是________；复功率的模对应正弦交流电路的________功率，单位是________。

21. 在含有 L、C 的电路中，出现总电压、电流同相位，这种现象称为________。这种现象若发生在串联电路中，则电路中阻抗________，电压一定时电流________，且在电感和电容两端将出现________；该现象若发生在并联电路中，电路阻抗将________，电压一定时电流则________，但在电感和电容支路中将出现________现象。

22. 谐振发生时，电路中的角频率 $\omega_0=$________，$f_0=$________。

23. 串联谐振电路的特性阻抗 $\rho=$________，品质因数 $Q=$________。

24. 谐振电路的应用，主要体现在用于________，用于________和用于________。

25. 品质因数越________，电路的________性越好，但不能无限制地加大品质因数，否则将造成________变窄，致使接收信号产生失真。

(二) 判断题

1. 正弦量的三要素是指它的最大值、角频率和相位。　(　)
2. $u_1=220\sqrt{2}\sin 314t$ V 超前 $u_2=311\sin(628\,t-45°)$ V 为 45°电角。　(　)
3. 电抗和电阻的概念相同，都是阻碍交流电流的因素。　(　)
4. 电阻元件上只消耗有功功率，不产生无功功率。　(　)
5. 从电压、电流瞬时值关系式来看，电感元件属于动态元件。　(　)
6. 无功功率的概念可以理解为这部分功率在电路中不起任何作用。　(　)
7. 几个电容元件相串联，其电容量一定增大。　(　)
8. 单一电感元件的正弦交流电路中，消耗的有功功率比较小。　(　)
9. 正弦量可以用相量来表示，因此相量等于正弦量。　(　)
10. 几个复阻抗相加时，它们的和增大；几个复阻抗相减时，其差减小。　(　)

11. 串联电路的总电压超前电流时，电路一定呈感性。 ( )

12. 并联电路的总电流超前路端电压时，电路应呈感性。 ( )

13. 电感电容相串联，$U_L=120$ V，$U_C=80$ V，则总电压等于 200 V。 ( )

14. 电阻电感相并联，$I_R=3$ A，$I_L=4$ A，则总电流等于 5 A。 ( )

15. 提高功率因数，可使负载中的电流减小，因此电源利用率提高。 ( )

16. 避免感性设备的空载，减少感性设备的轻载，可自然提高功率因数。( )

17. 只要在感性设备两端并联一电容器，即可提高电路的功率因数。 ( )

18. 视在功率在数值上等于电路中有功功率和无功功率之和。 ( )

19. 串联谐振电路不仅广泛应用于电子技术中，也广泛应用于电力系统中。 ( )

20. 谐振电路的品质因数越高，电路选择性越好，因此实用中 Q 值越大越好。 ( )

21. 串联谐振在 L 和 C 两端将出现过电压现象，因此也把串谐称为电压谐振。 ( )

22. 并联谐振在 L 和 C 支路上出现过流现象，因此常把并谐称为电流谐振。( )

23. 串谐电路的特性阻抗 ρ 在数值上等于谐振时的感抗与线圈铜耗电阻的比值。 ( )

24. 谐振状态下电源供给电路的功率全部消耗在电阻上。 ( )

(三) 单项选择题

1. 在正弦交流电路中，电感元件的瞬时值伏安关系可表达为( )。

A. $u=\mathrm{i}X_L$　　B. $u=\mathrm{i}\omega L$　　C. $u=L\dfrac{\mathrm{d}i}{\mathrm{d}t}$

2. 已知工频电压有效值和初始值均为 380 V，则该电压的瞬时值表达式为( )。

A. $u=380\sin 314t$ V　　B. $u=537\sin(314t+45°)$ V

C. $u=380\sin(314t+90°)$V

3. 一个电热器，接在 10 V 的直流电源上，产生的功率为 P。把它改接在正弦交流电源上，使其产生的功率为 $P/2$，则正弦交流电源电压的最大值为( )。

A. 7.07 V　　B. 5 V　　C. 10 V

4. 已知 $i_1=10\sin(314t+90°)$A，$i_2=10\sin(628t+30°)$A，则( ).

A. i_1超前 i_2 60°　　B. i_1滞后 i_2 60°　　C. 相位差无法判断

5. 电容元件的正弦交流电路中，电压有效值不变，当频率增大时，电路中电流将( )。

A. 增大　　B. 减小　　C. 不变

6. 电感元件的正弦交流电路中，电压有效值不变，当频率增大时，电路中电流将( )。

A. 增大　　　B. 减小　　　C. 不变

7. 实验室中的交流电压表和电流表，其读值是交流电的(　　)。

A. 最大值　　　B. 有效值　　　C. 瞬时值

8. 314 μF 电容元件用在 100 Hz 的正弦交流电路中，所呈现的容抗值为(　　)。

A. 0.197 Ω　　　B. 31.8 Ω　　　C. 5.1 Ω

9. 在电阻元件的正弦交流电路中，伏安关系表示错误的是(　　)。

A. $u=iR$　　　B. $U=IR$　　　C. $\dot{U}=\dot{I}R$

10. 某电阻元件的额定数据为“1 kΩ、2.5 W”，正常使用时允许流过的最大电流为(　　)。

A. 50 mA　　　B. 2.5 mA　　　C. 250 mA

11. $u=-100\sin(6\pi t+10°)$V 超前 $i=5\cos(6\pi t-15°)$A 的相位差是(　　)

A. 25°　　　B. 95°　　　C. 115°

12. 周期 $T=1$ s，频率 $f=1$ Hz 的正弦波是(　　)。

A. $4\cos 314t$　　　B. $6\sin(5t+17°)$　C. $4\cos 2\pi t$

13. 标有额定值为“220 V、100 W”和“220 V、25 W”白炽灯两盏，将其串联后接入 220 V 工频交流电源上，其亮度情况是(　　)。

A. 100W 的灯泡较亮　　　B. 25 W 的灯泡较亮　　　C. 两只灯泡一样亮

14. 在 RL 串联的交流电路中，R 上端电压为 16 V，L 上端电压为 12 V，则总电压为(　　)

A. 28 V　　　B. 20 V　　　C. 4 V

15. R、L 串联的正弦交流电路中，复阻抗为(　　)。

A. $Z=R+\mathrm{j}L$　　　B. $Z=R+\omega L$　　　C. $Z=R+\mathrm{j}X_L$

16. 已知电路复阻抗 $Z=(3-\mathrm{j}4)\Omega$，则该电路一定呈(　　)。

A. 感性　　　B. 容性　　　C. 阻性

17. 电感、电容相串联的正弦交流电路，消耗的有功功率为(　　)。

A. UI　　　B. I^2X　　　C. 0

18. RLC 并联电路在 f_0 时发生谐振，当频率增加到 $2f_0$ 时，电路性质呈(　　)。

A. 电阻性　　　B. 电感性　　　C. 电容性

19. 处于谐振状态的 RLC 串联电路，当电源频率升高时，电路将呈现出(　　)。

A. 电阻性　　　B. 电感性　　　C. 电容性

20. 下列说法中，正确的是(　　)。

A. 串谐时阻抗最小　　　B. 并谐时阻抗最小

C. 电路谐振时阻抗最小

21. 下列说法中，不正确的是(　　)。

A. 并谐时电流最大　　　B. 并谐时电流最小

C. 理想并谐时总电流为零

22. 发生串联谐振的电路条件是(　　)。

A. $\frac{\omega_0 L}{R}$　　B. $f_0=\frac{1}{\sqrt{LC}}$　　C. $\omega L=\frac{1}{\omega C}$

(四) 简答题

1. 电源电压不变,当电路的频率变化时,通过电感元件的电流是否发生变化。

2. 某电容器额定耐压值为 450 V,能否把它接在交流 380 V 的电源上使用。为什么?

3. 说出电阻和电抗的不同之处和相似之处,它们的单位是否相同。

4. 无功功率和有功功率有什么区别,能否从字面上把无功功率理解为无用之功,为什么?

5. 从哪个方面来说,电阻元件是即时元件,电感和电容元件为动态元件。又从哪个方面说电阻元件是耗能元件,电感和电容元件是储能元件。

6. 正弦量的初相值有什么规定? 相位差有什么规定?

7. 直流情况下,电容的容抗等于多少? 容抗与哪些因素有关?

8. 感抗、容抗和电阻有何相同,有何不同?

9. 额定电压相同、额定功率不等的两个白炽灯,能否串联使用。

10. 如何理解电容元件的"通交隔直"作用。

11. 试述提高功率因数的意义和方法。

12. 相量等于正弦量的说法是否正确。正弦量的解析式和相量式之间能否用等号。

13. 电压、电流相位如何时只吸收有功功率。只吸收无功功率时二者相位又如何。

14. 阻抗三角形和功率三角形是否是相量图,电压三角形呢?

15. 并联电容器可以提高电路的功率因数,并联电容器的容量越大,功率因数是否被提得越高,为什么? 会不会使电路的功率因数为负值,是否可以用串联电容器的方法提高功率因数。

16. 何谓串联谐振,串联谐振时电路有哪些重要特征。

17. 发生并联谐振时,电路具有哪些特征。

18. 为什么把串谐称为电压谐振而把并谐电路称为电流谐振。

19. 何谓串联谐振电路的谐振曲线。说明品质因数 Q 值的大小对谐振曲线的影响。

20. 串联谐振电路的品质因数与并联谐振电路的品质因数是否相同。

21. 谐振电路的通频带如何定义,它与哪些量有关。

22. LC 并联谐振电路接在理想电压源上是否具有选频性,为什么?

五、计算分析题

1. 试求下列各正弦量的周期、频率和初相，二者的相位差多少。

(1) $3\sin 314t$；　　　　(2) $8\sin(5t+17°)$

2. 某电阻元件的参数为 8 Ω，接在 $u=220\sqrt{2}\sin 314t$ V 的交流电源上。试求通过电阻元件上的电流 i，如用电流表测量该电路中的电流，其读数为多少？电路消耗的功率是多少？若电源的频率增大一倍，电压有效值不变又如何？

3. 某线圈的电感量为 0.1 H，电阻可忽略不计。接在 $u=220\sqrt{2}\sin 314t$ V 的交流电源上。试求电路中的电流及无功功率；若电源频率为 100 Hz，电压有效值不变又如何？写出电流的瞬时值表达式。

4. 已知工频正弦交流电流在 $t=0$ 时的瞬时值等于 0.5 A，计时始该电流初相为 30°，求这一正弦交流电流的有效值。

5. 在 1 μF 的电容器两端加上 $u=70.7\sqrt{2}\sin(314t-\pi/6)$V 的正弦电压，求通过电容器中的电流有效值及电流的瞬时值解析式。若所加电压的有效值与初相不变，而频率增加为 100 Hz 时，通过电容器中的电流有效值又是多少？

6. 在 220 V、50 Hz 的电源时功率为 0.6 kW，试求它的 R、L 值。

7. 已知交流接触器的线圈电阻为 200 Ω，电感量为 7.3 H，接到工频 220 V 的电源上。求线圈中的电流 I 的值。如果误将此接触器接到 $U=220$ V 的直流电源上，线圈中的电流又为多少？如果此线圈允许通过的电流为 0.1 A，将产生什么后果？

8. 在电扇电动机中串联一个电感线圈可以降低电动机两端的电压，从而达到调速的目的。已知电动机电阻为 190 Ω，感抗为 260 Ω，电源电压为工频 220 V。现要使电动机上的电压降为 180 V，求串联电感线圈的电感量 L' 应为多大(假定此线圈无损耗电阻)？能否用串联电阻来代替此线圈？试比较两种方法的优缺点。

9. 已知一串联谐振电路的参数 $R=10$ Ω，$L=0.13$ mH，$C=558$ pF，外加电压 $U=5$ mV。试求电路在谐振时的电流、品质因数及电感和电容上的电压。

10. 已知串联谐振电路的谐振频率 $f_0=700$ kHz，电容 $C=2\ 000$ pF，通频带宽度 $B=10$ kHz，试求电路电阻及品质因数。

11. 已知串谐电路的线圈参数为“$R=1$ Ω，$L=2$ mH”，接在角频率 $\omega=2\ 500$ rad/s 的 10 V 电压源上，求电容 C 为何值时电路发生谐振？求谐振电流 I_0、电容两端电压 U_C、线圈两端电压 U_{RL} 及品质因数 Q。

12. 已知如图 5－7 所示并联谐振电路的谐振角频率中 $\omega=5\times10^6$ rad/s，$Q=100$，谐振时电路阻抗为 2 kΩ，试求电路参数 R、L 和 C。

13. 已知谐振电路如图 5－7 所示。已知电路发生谐振时 RL 支路电流等于15 A，电路总电流为 9 A，试用相量法求出电容支路电流 I_C。

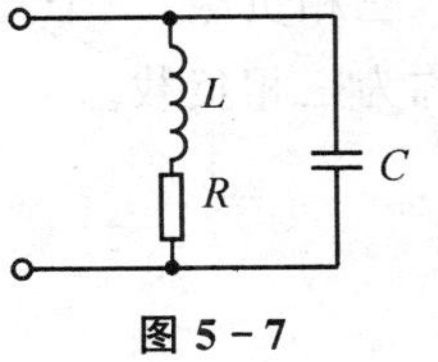

L　R　C

图 5－7

第 6 章 三相电路

6.1 本章要求

1. 掌握内容

掌握三相交流电的供电方式；

掌握三相负载的两种接线方式。

2. 熟悉内容

熟悉相电压与线电压、相电流与线电流之间的关系。

6.2 学习指导

(1) 对称三相电源、三相电源的连接方式及其相、线电压的关系。

(2) 三相负载的概念及相电流与线电流的关系。

(3) 三相对称电路的概念及计算。

(4) 三相功率的计算与测量。

(5) 非对称三相电路的概念与计算。

1. 三相电源及三相电路

(1) 对称三相电源(见图 6-1)

$$\left.\begin{aligned}\dot{U}_A &= U\angle 0^\circ \\ \dot{U}_B &= U\angle -120^\circ\left[-\frac{1}{2}-j\frac{\sqrt{3}}{2}\right]U \\ \dot{U}_C &= U\angle +120^\circ = \left[-\frac{1}{2}+j\frac{\sqrt{3}}{2}\right]U\end{aligned}\right\} \quad \left.\begin{aligned}u_A+u_B+u_C=0 \\ \dot{U}_A+\dot{U}_B+\dot{U}_C=0\end{aligned}\right\}$$

(2) 三相电源的连接

对称三相电源通常有两种连接方式：Y 形连接、△形连接。两种连接的接线、线电压与相电压间的关系如表 6-1 所列。

(3) 三相电路

三相负载：三个独立负载按 Y 形、△形连接后称为三相负载。

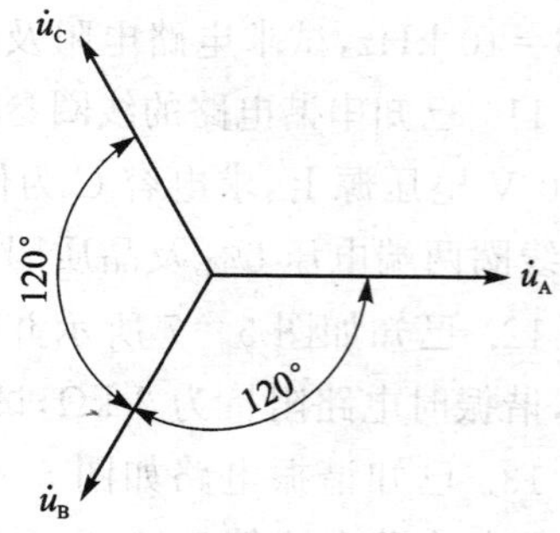

图 6-1

表 6-1　两种连接方式的接线、线电压与相电压间的关系

连接方式名称	Y 形连接	△形连接
连接接线图	$\dot{U}_A$ A $\dot{U}_B$ B N $\dot{U}_C$ C	A $\dot{U}_C$ $\dot{U}_A$ $\dot{U}_B$ B C
相电压与线电压的关系	$\dot{U}_{AB}=U\angle 0^\circ-U\angle -120^\circ=\sqrt{3}\,\dot{U}_A\angle 30^\circ$ $\dot{U}_{BC}=U\angle -120^\circ-U\angle 120^\circ=\sqrt{3}\,\dot{U}_B\angle 30^\circ$ $\dot{U}_{CA}=U\angle 120^\circ-U\angle 0^\circ=\sqrt{3}\,\dot{U}_C\angle 30^\circ$	$\dot{U}_{AB}=\dot{U}_A$ $\dot{U}_{BC}=\dot{U}_B$ $\dot{U}_{CA}=\dot{U}_C$
相电压与线电压的关系相量图	$-\dot{U}_A$ $\dot{U}_C$ $\dot{U}_{AB}$ $-\dot{U}_B$ $\dot{U}_{CA}$ 30° 30° $\dot{U}_A$ $\dot{U}_B$ 30° $-\dot{U}_C$ $\dot{U}_{BC}$	

2. 对称三相电路

(1) 对称 Y 形连接

$$\dot{U}_{N'N}=0$$

$$\dot{I}_A=\frac{\dot{U}_A-\dot{U}_{N'N}}{Z_L+Z}=\frac{\dot{U}_A}{Z_L+Z}$$

$$\dot{I}_B=\frac{\dot{U}_B}{Z_L+Z}=\dot{I}_A\,e^{-j120^\circ}$$

$$\dot{I}_C=\frac{\dot{U}_C}{Z_L+Z}=\dot{I}_A\,e^{j120^\circ}$$

$$\dot{U}_{A'N'}=Z\dot{I}_A$$

$$\dot{U}_{B'N'}=Z\dot{I}_B=\dot{U}_{A'N'}\,e^{-j120^\circ}$$

$$\dot{U}_{C'N'}=Z\dot{I}_C=\dot{U}_{A'N'}\,e^{j120^\circ}$$

$$\dot{U}_{A'B'} = \dot{U}_{A'N'} - \dot{U}_{B'N'} = \sqrt{3}\,\dot{U}_{A'N'}\angle 30^\circ$$

$$\dot{U}_{B'C'} = \dot{U}_{B'N'} - \dot{U}_{C'N'} = \sqrt{3}\,\dot{U}_{B'N'}\angle 30^\circ$$

$$\dot{U}_{C'A'} = \dot{U}_{C'N'} - \dot{U}_{A'N'} = \sqrt{3}\,\dot{U}_{C'N'}\angle 30^\circ$$

(2) 对称△形连接

$$\dot{I}_{AB} = \frac{\dot{U}_{AB}}{Z_A}$$

$$\dot{I}_{BC} = \frac{\dot{U}_{BC}}{Z_B}$$

$$\dot{I}_{CA} = \frac{\dot{U}_{CA}}{Z_C}$$

$$Z_A = Z_B = Z_C = Z = |Z|\angle\varphi$$

$$\dot{I}_{AB} = \frac{U_L}{|Z|}\angle -\varphi$$

$$\dot{I}_{BC} = \frac{U_L}{|Z|}\angle -120^\circ - \varphi$$

$$\dot{I}_{CA} = \frac{U_L}{|Z|}\angle 120^\circ - \varphi$$

$$\dot{I}_A = \sqrt{3}\,\dot{I}_{AB}\angle -30^\circ$$

$$\dot{I}_B = \sqrt{3}\,\dot{I}_{BC}\angle -30^\circ$$

$$\dot{I}_C = \sqrt{3}\,\dot{I}_{CA}\angle -30^\circ$$

3. 对称三相正弦交流电路的功率

$$P = 3U_P I_P\cos\varphi = \sqrt{3}U_l I_l\cos\varphi$$

$$Q = 3U_P I_P\sin\varphi = \sqrt{3}U_L I_L\sin\varphi$$

$$S = 3U_P I_P = \sqrt{3}U_L I_L$$

6.3 例题详解

1. 已知三相电源 $u_{AB}=380\sqrt{2}\sin(\omega t-60^\circ)$ V，试求 u_B 的值。

解：(1)由线、相电压大小关系有

$$U_B = \frac{U_L}{\sqrt{3}} = \frac{380\ \text{V}}{\sqrt{3}} = 220\ \text{V}$$

由线、相电压相位关系得

$$\psi_A = \psi_{AB} - 30^\circ = -60^\circ - 30^\circ = -90^\circ$$

由相电压相对称关系得

$$\psi_B = \psi_A - 120° = -90° - 120° = -210° = 150°$$

$$u_B = 220\sqrt{2}\sin(\omega t + 150°)\text{V}$$

(2)
$$\dot{U}_{AB} = 380\angle -60°\text{V}$$

$$\dot{U}_A = \frac{\dot{U}_{AB}}{\sqrt{3}}\angle -30° = \frac{380}{\sqrt{3}}\angle -60° - 30°\text{V} = 220\angle -90°\text{V}$$

$$\dot{U}_B = \dot{U}_{AL} - 120° = 220\angle -90° - 120°\ \text{V} = 220\angle -210°\ \text{V} = 220\angle 150°\text{V}$$

$$u_B = 220\sqrt{2}\sin(\omega t + 150°)\text{V}$$

2. 已知三相电源三相绕组误接成如图 6-2 所示，相电压 220 V，试分析各线电压的大小。

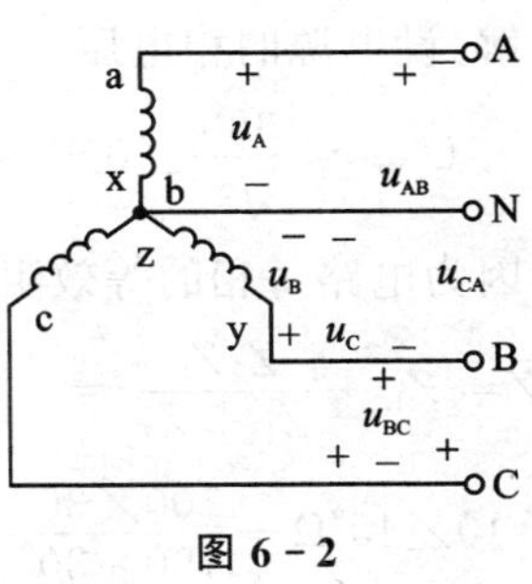

图 6－2

解：b－y 相绕组首尾端与其他两相接法相反，用相量图（图 6－3）分析：

设 $\dot{U}_A = U_p \angle 0°$，则

$$\dot{U}_B = -\dot{U}_{bx} = -U_p\angle -120° = U_p\angle 60°$$

$$\dot{U}_C = U_p\angle 120°$$

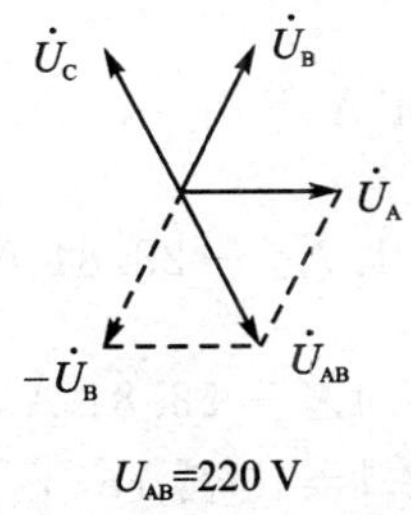

U_{AB}=220 V

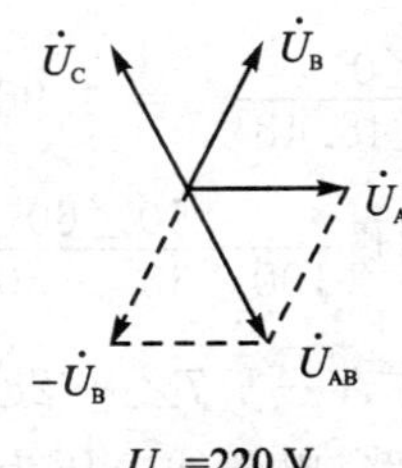

U_{BC}=220 V

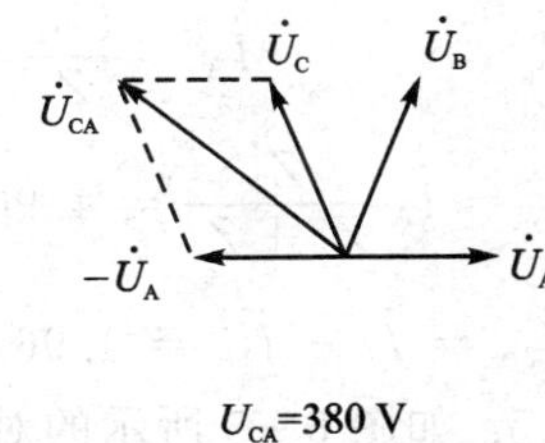

U_{CA}=380 V

图 6－3

3. 有一星形连接的三相负载，每相 $R=6\ \Omega$，$X_L=8\ \Omega$，电源电压对称，设 $u_{AB}=380\sqrt{2}\sin(\omega t+30°)\text{V}$，试求电流。

解：因为负载对称，只须计算一相。

$U_A = \frac{U_{AB}}{\sqrt{3}} = \frac{380}{\sqrt{3}}\ \text{V} = 220\ \text{V}$，$u_A$ 比 u_{AB} 滞后 30°　$u_A = 220\sqrt{2}\sin\omega t\ \text{V}$。

A 相电流：

$$I_A = \frac{U_A}{|Z_A|} = \frac{220\ \text{V}}{\sqrt{6^2+8^2}\ \Omega} = 22\ \text{A}$$

i_A 滞后于 u_A

$$\varphi = \arctan\frac{X_L}{R} = \arctan\frac{8}{6} = 53°$$

所以
$$i_A = 22\sqrt{2}\sin(\omega t - 53°)\text{A}$$

因为电流对称，则

$$i_B = 22\sqrt{2}\sin(\omega t - 53° - 120°)\text{A} = 22\sqrt{2}\sin(\omega t - 173°)\text{A}$$

$$i_C = 22\sqrt{2}\sin(\omega t - 53° + 120°)\text{A} = 22\sqrt{2}\sin(\omega t + 67°)\text{A}$$

4. 如图 6-4 所示为对称三相电源向两组 Y 形并联负载供电电路。已知线电压为 380 V，$Z_1 = 100\angle 30°\,\Omega$，$Z_2 = 50\angle 60°\,\Omega$，$Z_L = 10\angle 45°\,\Omega$。试求：线电流 $\dot{I}_A$、负载电流 $\dot{I}_{1A}$ 和 $\dot{I}_{2A}$。

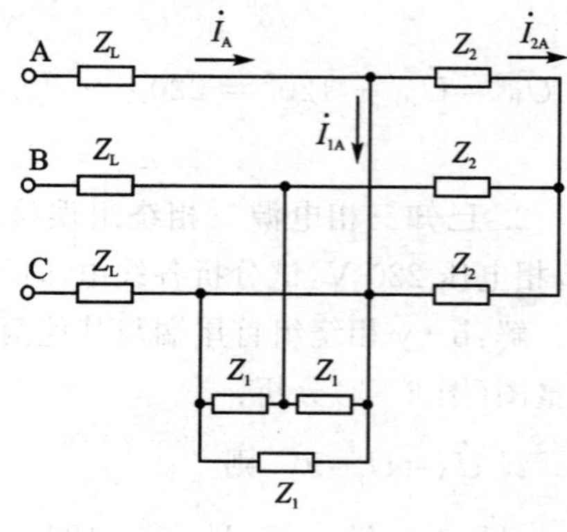

图 6-4

解：设电源的相电压

$$\dot{U}_{A\varphi} = \frac{380}{\sqrt{3}}\angle 0°\text{V} = 220\angle 0°\text{V}$$

因为电路每相的等效阻抗为

$$Z = Z_L + \frac{Z_1 Z_2}{Z_1 + Z_2} =$$

$$10\angle 45°\Omega + \frac{100\angle 30° \times 50\angle 60°}{100\angle 30° + 50\angle 60°}\Omega =$$

$$44.36\angle 48.84°\Omega$$

所以 $$\dot{I}_A = \frac{\dot{U}_{A\varphi}}{Z} = \frac{22\angle 0°}{44.36\angle 48.48°}\text{A} = 4.96\angle -48.84°\text{A}$$

$$\dot{I}_{1A} = \dot{I}_A \frac{Z_2}{Z_1 + Z_2} = 4.96\angle -48.84° \frac{50\angle 60°}{100\angle 30° + 50\angle 60°}\text{A} = 1.7\angle -28.84°\text{A}$$

$$\dot{I}_{2A} = \dot{I}_A - \dot{I}_{1A} = 4.96\angle -48.84°\text{A} - 1.7\angle -28.84°\text{A} = 3.4\angle -58.84°\text{A}$$

5. 如图 6-5 所示的对称三相电路，电源线电压为 380 V，$|Z_1| = 10\,\Omega$，$\cos\varphi_1 = 0.6$（滞后），$Z_1 = -\text{j}10\,\Omega$，$Z_N = (1 + \text{j}2)\,\Omega$。求：线电流、相电流，并定性画出相量图（以 A 相为例）。

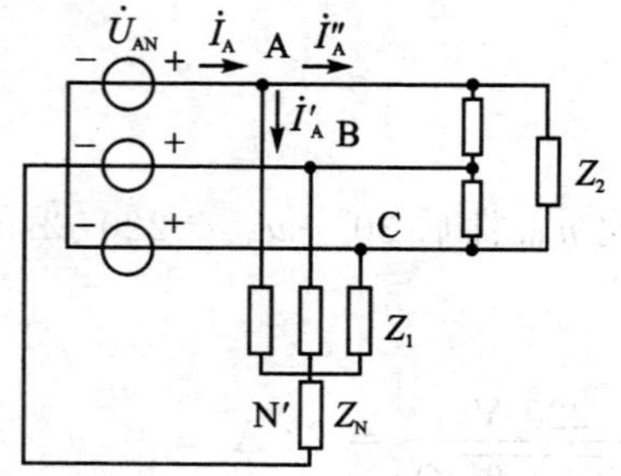

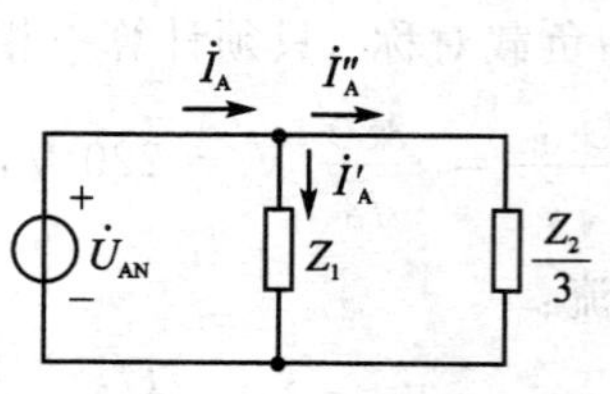

图 6-5

解：

设 $$\dot{U}_{AN} = 220\angle 0°\text{V}$$

$$\dot{U}_{AB} = 380\angle 30^\circ \text{V}$$

$$Z_1 = 10\angle\varphi_1 = 6 + \text{j}8\Omega$$

$$Z_2' = \frac{1}{3}Z_2 = -\text{j}\,\frac{50}{3}\Omega$$

$$\dot{I}_A' = \frac{\dot{U}_{AN}}{Z_1} = \frac{220\angle 0^\circ}{10\angle 53.13^\circ} = 22\angle -53.13^\circ \text{A} = 13.2 - \text{j}17.6\text{A}$$

$$\dot{I}_A'' = \frac{\dot{U}_{AN}}{Z_2'} = \frac{220\angle 0^\circ}{-\text{j}50/3} = \text{j}13.2\text{A}$$

$$\dot{I}_A = \dot{I}_A' + \dot{I}_A'' = 13.9\angle -18.4^\circ \text{A}$$

根据对称性，得 B、C 相的线电流、相电流：

$$\dot{I}_B = 13.9\angle -138.4^\circ \text{A}$$

$$\dot{I}_C = 13.9\angle 101.6^\circ \text{A}$$

第一组负载的三相电流：

$$\dot{I}_A' = 22\angle -53.1^\circ \text{A}$$

$$\dot{I}_B' = 22\angle -173.1^\circ \text{A}$$

$$\dot{I}_C' = 22\angle 66.9^\circ \text{A}$$

第二组负载的相电流：

$$\dot{I}_{AB2} = \frac{1}{\sqrt{3}}\dot{I}_A''\angle 30^\circ = 13.2\angle 120^\circ \text{A}$$

$$\dot{I}_{BC2} = 13.2\angle 0^\circ \text{A}$$

$$\dot{I}_{CA2} = 13.2\angle -120^\circ \text{A}$$

由此可以画出相量图(见图 6－6)。

6. 如图 6－7 所示为对称三相电路，线电流为 17.3 A，求(1)相电流？(2)当开关 S_2 置于开时，各线电流和相电流？(3)当开关 S_1 置于开时，各线电流和相电流？

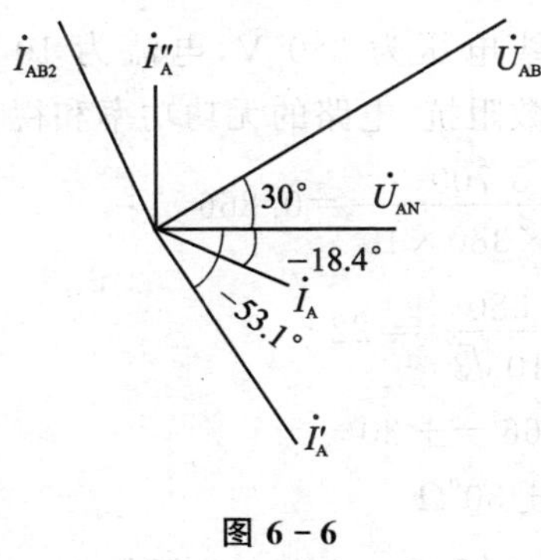

图 6－6

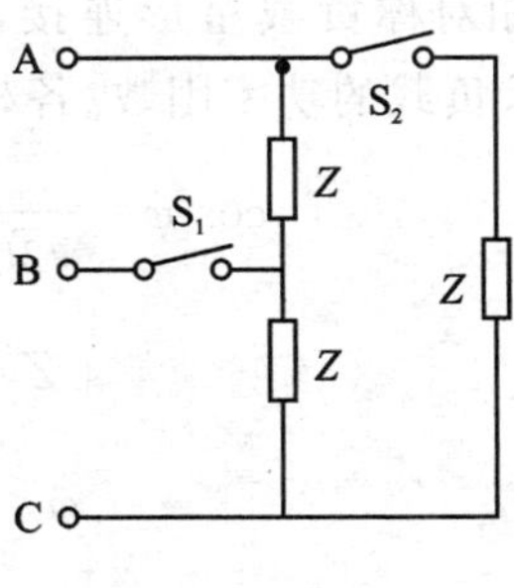

图 6－7

解：(1) 相电流 $I_P=\frac{I_L}{\sqrt{3}}=\frac{17.3}{\sqrt{3}}\ A=10\ A$

线电流 $I_A=I_{ab}=10\ A$，$I_C=I_{bc}=10\ A$，因 $i_B=i_{ca}-i_{bc}$，不受影响，故 $I_B=17.3\ A$。

(2) S_2打开：相电流 i_{ab}、i_{bc}不受影响，$I_{ab}=I_{bc}=10\ A$，$I_{ca}=0$(缺相)。

(3) S_1打开：变为单相负载，ab 相与 bc 相串联，再与 ca 相并联后接在线电压 u_{ca}上。

相电流： $I_{ca}=10\ A, I_{ab}=I_{bc}=10/2\ A=5\ A$

线电流： $I_A=I_C=I_{ab}+I_{ca}=15\ A, I_B=0$

7. 三相对称电路如图 6-8 所示，已知电源线电压 $u_{AB}=380\sqrt{2}\sin\omega t$ V，每相负载 $R=3\ \Omega$，$X_C=4\ \Omega$。求：(1) 各线电流瞬时值；(2) 电路的有功功率、无功功率和视在功率。

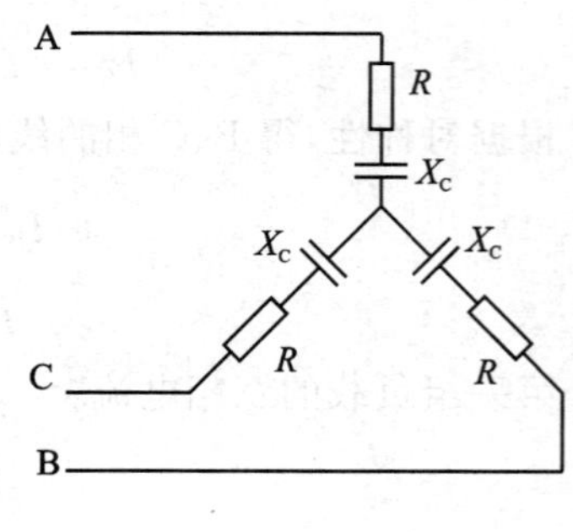

图 6-8

解：

(1) $Z=R-jX_C=5\angle-53.1°\Omega$

$$\dot{U}_{AB}=380\angle0°V$$

$$\dot{I}_A=\frac{220\angle-30°}{5\angle-53.1°}=44\angle23.1°A$$

$$\dot{I}_B=44\angle-96.9°A$$

$$\dot{I}_C=44\angle143.1°A$$

各线电流瞬时值：

$$i_A=44\sqrt{2}\sin(\omega t+23.1°)A$$

$$i_B=44\sqrt{2}\sin(\omega t-96.9°)A$$

$$i_C=44\sqrt{2}\sin(\omega t+143.1°)A$$

(2) $S=\sqrt{3}U_L I_L=28.96\times10^3\ V\cdot A$

$$P=S\lambda=17.39\times10^3\ W$$

$$Q=S\sin\varphi=-23.16\times10^3\ var$$

8. 三相对称负载星形连接，其电源的线电压为 380 V，电流为 10 A，功率为 5 700 W。求负载的功率因数、各相负载的复数阻抗、电路的无功功率和视在功率。

解：
$$\cos\varphi=\frac{P}{\sqrt{3}U_L I_L}=\frac{5\ 700}{\sqrt{3}\times380\times10}=0.866$$

$$|Z|=\frac{U_P}{I_P}=\frac{380}{10\sqrt{3}}=22$$

$$\varphi=\arccos0.866=\pm30°$$

$$Z=22\angle\pm30°\Omega$$

$$Q=\sqrt{3}U_L L_L\sin\varphi=\sqrt{3}\times380\times10\times\sin30°=3\ 291\ var$$

$$S = \sqrt{3}U_L I_L = \sqrt{3} \times 380 \times 10 = 6\ 528\ \text{V}\cdot\text{A}$$

9. 一对称三相负载，每相负载阻抗为 $Z=(6+\mathrm{j}8)\Omega$，接入电压为 380 V(线电压)的三相电源。试问：

(1) 当负载做星形连接时，消耗的功率是多少？

(2) 若误将负载连接成三角形时，消耗的功率又是多少？

解：(1)

$$I_L = I_P = \frac{U_P}{|Z|} = \frac{\frac{U_L}{\sqrt{3}}}{|Z|} = \frac{\frac{380}{\sqrt{3}}\ \text{V}}{\sqrt{6^2+8^2}\ \Omega} = 22\ \text{A}$$

$$\cos\varphi = \frac{R}{|Z|} = \frac{6}{\sqrt{6^2+8^2}} = 0.6$$

$$P = \sqrt{3} \times 380 \times 22 \times 0.6\ \text{W} = 8\ 688\ \text{W}$$

(2)

$$I_L = \sqrt{3}I_P = \sqrt{3}\frac{U_P}{|Z|} = \sqrt{3}\frac{U_L}{|Z|} = \sqrt{3} \times \frac{380\ \text{V}}{\sqrt{6^2+8^2}\ \Omega} = 65.8\ \text{A}$$

$$P = \sqrt{3} \times 380 \times 65.8 \times 0.6\ \text{W} = 25\ 985\ \text{W}$$

10. 在三相四线制供电系统中，电源的中性线上能否安装熔断器，为什么？

答：在三相负载不对称的情况下，中性线(零线)的作用是保证中性点没有位移电压，使各相电压保持对称。

电源的中性线上不能安装熔断器，因为三相四线制供电系统中，三相负载大多是不对称的，若零线发生断路时，就会使中性点出现电压位移现象，这样，就引起三相负载电压的畸变，即三相负载电压严重不平衡，而破坏负荷的正常运行。

6.4 章节练习

(一) 填空题

1. 正弦交流电的三要素是________、________、________。

2. 三相电源线电压 $U_L=380$ V，对称负载阻抗为 $Z=(40+\mathrm{j}30)\Omega$，若接成 Y 形，则线电流 $I_L=$________A，负载吸收功率 $P=$________W；若接成△形，则线电流 $I_L=$________A，负载吸收功率 $P=$________W。

3. 一批单相用电设备，额定电压均为 220 V，若接在三相电源上工作，当电源线电压为 380 V，应________连接，若电源线电压为 220 V，又该________连接。

4. 三相负载每相阻抗均为 $Z_P=(8+\mathrm{j}6)\ \Omega$，电源相电压 $U_P=220$ V，若接成 Y 形则线电流 $I_L=$________A，吸收的有功功率 $P=$________W，无功功率 $Q=$________var；若接成△形则线电流 $I_L=$________A，有功功率 $P=$________W，无功功率 $Q=$________var。

(二) 选择题

1. 下列结论中错误的是(　　)。

A. 当三相负载越接近对称时,中线电流就越小

B. 当负载作 Y 形连接时,必须有中线

C. 当负载作 Y 形连接时,线电流必等于相电流

2. 下列结论中错误的是(　　)。

A. 当负载作△形连接时,线电流为相电流的$\sqrt{3}$倍

B. 当三相负载越接近对称时,中线电流就越小

C. 当负载作 Y 形连接时,线电流必等于相电流

3. 若要求三相负载中各相电压均为电源相电压,则负载应接成(　　)。

A. 三角形连接　　B. 星形无中线

C. 星形有中线

4. 对称三相交流电路,三相负载为△形连接,当电源线电压不变时,三相负载换为 Y 形连接,三相负载的相电流应(　　)。

A. 减小　　B. 增大　　C. 不变。

5. 对称三相交流电路,三相负载为 Y 形连接,当电源电压不变而负载换为△形连接时,三相负载的相电流应(　　)。

A. 减小　　B. 增大　　C. 不变

6. 已知三相电源线电压 $U_L = 380$ V,三角形连接对称负载 $Z = (6 + j8)\Omega$,则相电流 $I_L =$(　　)A。

A. 38　　B. $22\sqrt{3}$　　C. $38\sqrt{3}$　　D. 22

7. 已知三相电源线电压 $U_L = 380$ V,星形连接的对称负载 $Z = (6 + j8)\Omega$,则相电流 $I_L =$(　　)A。

A. $38\sqrt{3}$　　B. $22\sqrt{3}$　　C. 38　　D. 22

8. 对称三相交流电路中,三相负载为△形连接,当电源电压不变,而负载变为 Y 形连接时,对称三相负载所吸收的功率(　　)。

A. 减小　　B. 增大　　C. 不变

9. 对称三相交流电路中,三相负载为 Y 形连接,当电源电压不变,而负载变为△形连接时,对称三相负载所吸收的功率(　　)。

A. 增大　　B. 减小　　C. 不变

10. 在三相四线制供电线路中,三相负责越接近对称负载,中线上的电流(　　)。

A. 越小　　B. 越大　　C. 不变

11. 在正序三相交流电源中,设 A 相电流为 $i_A = I_m \sin \omega t$ A,则 i_B 为(　　)A。

A. $i_B = I_m \sin(\omega t - 240°)$　　B. $i_B = I_m \sin \omega t$

C. $i_B = I_m \sin(\omega t - 120°)$　　D. $i_B = I_m \sin(\omega t + 120°)$

12. 三相电源相电压之间的相位差是 120°，线电压之间的相位差是（　　）。

A. 180°　　B. 90°　　C. 120°　　D. 60°

13. 已知对称三相电源的相电压 $u_B = 10\sin(\omega t - 60°)$ V，相序为 A—B—C，则电源作星形连接时，线电压 u_{BC} 为（　　）V。

A. $i_B = I_m \sin(\omega t - 240°)$　　B. $10\sqrt{3}\sin(\omega t - 90°)$

C. $10\sqrt{3}\sin(\omega t - 30°)$　　D. $10\sqrt{3}\sin(\omega t + 150°)$

14. 对称正序三相电源作星形连接，若相电压 $u_A = 100\sin(\omega t + 60°)$ V，则线电压 u_{AB} =（　　）V。

A. $100\sqrt{3}\sin(\omega t + 90°)$　　B. $100\sqrt{3}\sin(\omega t - 150°)$

C. $100\sin(\omega t + 90°)$　　D. $100\sin(\omega t - 150°)$

15. 三相负载对称的条件是（　　）。

A. 每相复阻抗相等　　B. 每相阻抗值相等

C. 每相阻抗值相等，阻抗角相差 120°　　D. 每相阻抗值和功率因数相等

16. 三相负载对称星形连接时（　　）。

A. $I_L = \sqrt{3} I_P$，$U_L = U_P$　　B. $I_L = I_P$，$U_L = \sqrt{3} U_P$

C. 不一定　　D. 都不正确

17. 三相对称负载作三角形连接时（　　）。

A. $I_L = \sqrt{3} I_P$，$U_L = U_P$　　B. $I_L = I_P$，$U_L = \sqrt{3} U_P$

C. 不一定　　D. 都不正确

18. 在负载为星形连接的对称三相电路中，各线电流与相应的相电流的关系是（　　）。

A. 大小、相位都相等

B. 大小相等、线电流超前相应的相电流

C. 线电流大小为相电流大小的 $\sqrt{3}$ 倍，线电流超前相应的相电流

D. 线电流大小为相电流大小的 $\sqrt{3}$ 倍，线电流滞后相应的相电流

19. 已知三相电源线电压 $U_{AB} = 380$ V，三角形连接对称负载 $Z = (6 + j8)\,\Omega$。则线电流 I_A =（　　）A。

A. $38\sqrt{3}$　　B. $22\sqrt{3}$　　C. 38　　D. 22

20. 下列结论中错误的是（　　）。

A. 当负载作△形连接时，线电流为相电流的 $\sqrt{3}$ 倍

B. 当三相负载越接近对称时，中线电流就越小

C. 当负载作 Y 形连接时，线电流必等于相电流

21. 对称三相电动势是指（　　）的三相电动势。

A. 电压相等、频率不同、初相角均为 120°

B. 电压不等、频率不同、相位互差 180°

C. 最大值相等、频率相同、相位互差 120°

D. 三个交流电都一样的电动势

22. 三相不对称负载的星形连接,若中性线断线,电流、电压及负载将发生(　　)

A. 电压不变,只是电流不一样,负载能正常工作

B. 电压不变,电流也不变,负载正常工作

C. 各相电流、电压都发生变化,会使负载不能正常工作或损坏

D. 不一定电压会产生变化,只要断开负载,负载就不会损坏

23. 对称三相电势在任一瞬间的(　　)等于零。

A. 频率　　B. 波形　　C. 角度　　D. 代数和

24. 在三相四线制中,当三相负载不平衡时,三相电压相等,中性线电流(　　)。

A. 等于零　　B. 不等于零　　C. 增大　　D. 减小

25. 三相星形接线的电源或负载的线电压是相电压的(　　)倍,线电流与相电流不变。

A. $\sqrt{3}$　　B. $\sqrt{2}$　　C. 1　　D. 2

26. 三相对称电路是指(　　)

A. 三相电源对称的电路

B. 三相负载对称的电路

C. 三相电源和三相负载均对称的电路

27. 三相对称负载的功率 ,其中是(　　)之间的相位角。

A. 线电压与线电流　　B. 相电压与线电流

C. 线电压与相电流　　D. 相电压与相电流

28. 对称负载作三角形连接,其线电流 $\dot{I}_{W}=10\angle 30°$A,线电压 $\dot{U}_{UV}=220\angle 0°$V,则三相总功率 $P=$(　　)W。

A. 1 905　　B. 3 300　　C. 6 600　　D. 3 811

29. 某对称三相负载,当接成星形时,三相功率为 P_{Y},保持电源线电压不变,而将负载连接成三角形,则此时三相功率 $P_{\triangle}=$(　　)。

A. $\sqrt{3}P_{Y}$　　B. P_{Y}　　C. $\frac{1}{3}P_{Y}$　　D. $3P_{Y}$

30. 星形连接时三相电源的公共点叫三相电源的(　　)。

A. 中性点　　B. 参考点　　C. 零电位点　　D. 接地点

31. 无论三相电路是 Y 连接或△连接,也无论三相电路负载是否对称,其总功率为(　　)

A. $P=3UI\cos\varphi$　　B. $P=P_{U}+P_{V}+P_{W}$　　C. $P=\sqrt{3}uI\cos\varphi$

32. 正序的顺序是(　　)

A. U、V、W　　B. V、U、W　　C. U、W、V　　D. W、V、U

(三) 判断题

1. 假设三相电源的正相序为 U－V－W，则 V－W－U 为负相序。（　）

2. 对称三相电源，假设 U 相电压 $U_U = 220\sqrt{2}\sin(\omega t + 30°)$ V，则 V 相电压为 $U_V = 220\sqrt{2}\sin(\omega t - 120°)$ V。（　）

3. 三个电压频率相同、振幅相同，就称为对称三相电压。（　）

4. 对称三相电源，其三相电压瞬时值之和恒为零，所以三相电压瞬时值之和为零的三相电源就一定为对称三相电源。（　）

5. 无论是瞬时值还是相量值，对称三相电源三个相电压的和恒等于零，所以接上负载不会产生电流。（　）

6. 将三相发电机绕组 UX、VY、WZ 的相尾 X、Y、Z 连接在一起，而分别从相头 U、V、W 向外引出的三条线作输出线，这种连接称为三相电源的三角形接法。（　）

7. 从三相电源的三个绕组的相头 U、V、W 引出的三根线叫端线，俗称火线。（　）

8. 三相电源无论对称与否，三个线电压的相量和恒为零。（　）

9. 三相电源无论对称与否，三个相电压的相量和恒为零。（　）

10. 三相电源三角形连接，当电源接负载时，三个线电流之和不一定为零。（　）

11. 对称三相电源星形连接时 $U_1 = \sqrt{2}U_P$；三角形联结时 $I_1 = \sqrt{3}I_P$。（　）

12. 对称三相电压和对称三相电流的特点是同一时刻它们的瞬时值总和恒等于零。（　）

13. 在三相四线制中，可向负载提供两种电压，即线电压和相电压，在低压配电系统中，标准电压规定为相电压 380 V，线电压 220 V。（　）

14. 对称三相电路星形连接，中性线电流不为零。（　）

15. 一个三相负载，其每相阻抗大小均相等，这个负载必为对称的。（　）

16. 三相负载分别为 $Z_U = 10\ \Omega$，$Z_V = 10\angle -120°$，$Z_W = 10\angle 120°\ \Omega$，则此三相负载为对称三相负载。（　）

17. 凡负载作星形连接，线电压必等于相电压的 $\sqrt{3}$ 倍。（　）

18. 三相负载作星形连接无中线时，线电压必不等于相电压的 $\sqrt{3}$ 倍。（　）

19. 凡负载作三角形连接时，其线电流都等于相电流的 $\sqrt{3}$ 倍。（　）

20. 凡负载作三角形连接时，其线电压就等于相电压。（　）

21. 对称三相负载三角形连接，其线电流的相位总是滞后对应的相电流 30°。（　）

22. 三相负载三角形连接，测得各相电流值都相等，则各相负载必对称。（　）

23. 在三相四线制供电系统中，为确保安全中性线及火线上必须装熔断器。（　）

24. 不对称三相负载作星形连接，为保证相电压对称，必须有中性线。（　）

25. 不对称三相负载接成星形，如果中性线上的复阻抗忽略不计，则中性点之间的电压 $\dot{U}_{N'N}=0$ V。（　）

26. 三相三线制供电系统中，无论负载对称与否，三个线电流的相量和瞬时值的代数和恒为零。（　）

27. 对称三相电路有功功率的计算公式为 $P=\sqrt{3}U_1I_1\cos\varphi$，其中 φ 对于星形连接，是指相电压与相电流之间的相位差；对于三角形连接，则是指线电压与线电流之间的相位差。（　）

28. 三相负载，无论是作星形或三角形连接，无论对称与否，其总功率均为 $P=\sqrt{3}U_1I_1\cos\varphi$。（　）

29. 在相同的线电压作用下，同一三相对称负载作三角形连接时所取用的有功功率为星形连时的$\sqrt{3}$倍。（　）

30. 在相同的线电压作用下，三相异步电动机作三角形连接和作星形连接时，所取用的有功功率相等。（　）

（四）计算题

1. 当发电机的三相绕组连成星形时，设线电压 $u_{AB}=380\sqrt{2}\sin(\omega t-30^\circ)$ V，试写出相电压 u_A 的三角函数式。

2. 有一三相对称负载，其每相的电阻 $R=8\ \Omega$，感抗 $X_L=6\ \Omega$。如果将负载连成星形接于线电压 $U_L=380$ V 的三相电源上，试求相电压、相电流及线电流。

3. 三相四线制电路中，星形负载各相阻抗分别为 $Z_U=(8+j6)\Omega$，$Z_V=(3-j4)\Omega$，$Z_W=10\ \Omega$，电源线电压为 380 V，求各相电流及中线电流。

4. 如图 6-9 所示的电路中，已知：$|Z_a|=|Z_b|=|Z_c|=22\ \Omega$，$\varphi_a=0$，$\varphi_b=60^\circ$，$\varphi_c=60^\circ$，电源线电压 $U_L=380$ V，试求：(1)说明该三相负载是否对称；(2)计算各相电流及中性线电流；(3)计算三相功率 P,Q,S。

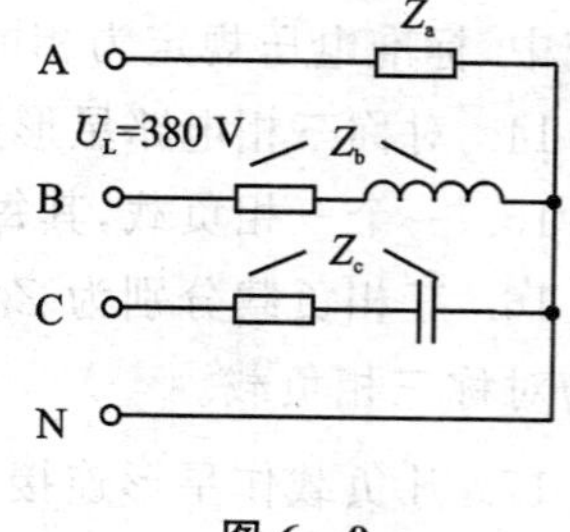

图 6-9

5. 如图 6-10 所示的电路中，$Z_1=(10\sqrt{3}+j10)\Omega$，$Z_2=(10\sqrt{3}-j30)\Omega$，线电压 $U_L=380$ V，试求：(1)线路总电流 $\bar{I}_A,\bar{I}_B,\bar{I}_C$；(2)三相总功率 P,Q,S。

6. 非对称三相负载 $Z_1=5\angle 10^\circ\Omega$，$Z_2=9\angle 30^\circ\Omega$，$Z_3=10\angle 80^\circ$，连接成如

图 6－11所示的三角形，由线电压为 380 V 的对称三相电源供电。求负载的线电流 $I\mathrm{A}, I_{\mathrm{B}}, I_{\mathrm{C}}$，并画出 $\dot{I}_{\mathrm{A}}, \dot{I}_{\mathrm{B}}, \dot{I}_{\mathrm{C}}$ 的相量图。

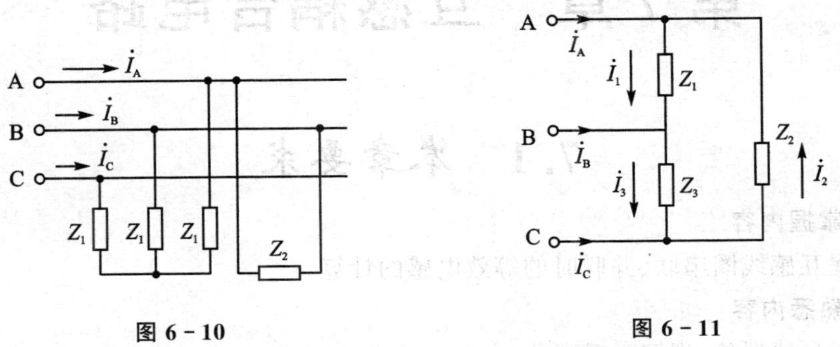

图 6－10　　　　**图 6－11**

7. 如图 6－12 所示，在 380/220 V 三相三线制的电网上，接有两组三相对称电阻性负载，已知：$R_1 = 38\ \Omega, R_2 = 22\ \Omega$，试求总的线电流和总的有功功率。

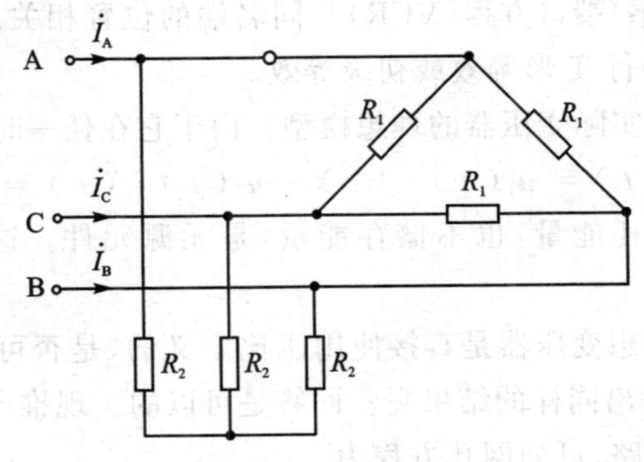

图 6－12

8. 某工厂有三个车间，每一车间装有 10 盏 220 V，100 W 的照明灯，用 380 V 的三相四线制供电。(1) 画出合理的配电接线图；(2) 若各车间的灯同时点燃，求电路的线电流和中线电流；(3) 若只有两个车间用灯，再求电路的线电流和中线电流。

第7章 互感耦合电路

7.1 本章要求

1. 掌握内容

掌握互感线圈串联、并联时的等效电感的计算。

2. 熟悉内容

了解自感现象，理解互感现象。

7.2 学习指导

1. 耦合电感(互感)端口方程(VCR)与同名端的位置相关。分析含互感的电路时，最好的方法是先进行T形等效或初级等效。

2. 理想变压器是实际变压器的理想模型。由于它在任一时刻吸收的总功率为

$$p(t)=u_1(t)i_1(t)+u_2(t)i_2(t)=0$$

故理想变压器既不消耗能量，也不储存能量，是无源元件。这与耦合电感有本质区别。

有的读者会问：理想变压器是直接使用匝比定义的，是否可以在全耦合下，令电感L_1和L_2为无穷大得出同样的结果呢？回答是可以的。现推导如下：

如图7-1所示电路，可列网孔方程为

$$\begin{cases}\dot{U}_1=\mathrm{j}\omega L_1\dot{I}_1-\mathrm{j}\omega M\dot{I}_2\\-\mathrm{j}\omega M\dot{I}_1+(Z_2+\mathrm{j}\omega L_2)\dot{I}_2=0\end{cases}$$

从而有

$$\dot{U}_1=\left[\mathrm{j}\omega L_1-\frac{\mathrm{j}\omega M(\mathrm{j}\omega M)}{Z_2+\mathrm{j}\omega L_2}\right]\dot{I}_1$$

故

$$Z_{in}=\frac{\dot{U}_1}{\dot{I}_1}=\mathrm{j}\omega L_1+\frac{(\omega M)^2}{Z_2+\mathrm{j}\omega L_2}\tag{7-1}$$

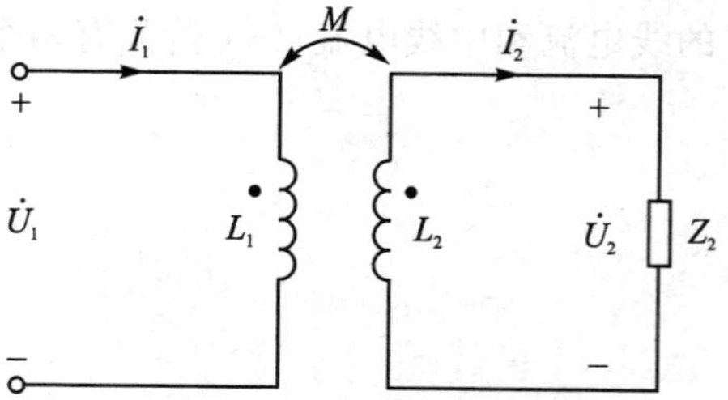

$\dot{I}_1$ M $\dot{I}_2$ + + $\dot{U}_1$ L_1 L_2 $\dot{U}_2$ Z_2 − −

图7-1

而

$$\frac{\dot{U}_2}{\dot{U}_1}=\frac{Z_2\dot{I}_2}{\dot{U}_1}=Z_2\left(\frac{\dot{I}_2}{\dot{I}_1}\right)\left(\frac{\dot{I}_1}{\dot{U}_1}\right)\tag{7-2}$$

又

$$\frac{\dot{I}_2}{\dot{I}_1}=\frac{\mathrm{j}\omega M}{Z_2+\mathrm{j}\omega L_2} \tag{7-3}$$

把式(7－1)和式(7－3)代入式(7－2)，得

$$\frac{\dot{U}_2}{\dot{U}_1}=\frac{\mathrm{j}\omega M Z_2}{\mathrm{j}\omega L_1(Z_2+\mathrm{j}\omega L_2)+(\omega M)^2} \tag{7-4}$$

因全耦合时，$M=\sqrt{L_1L_2}$，且$\frac{L_2}{L_1}=\left(\frac{N_2}{N_1}\right)^2$，代入式(6－4)得

$$\frac{\dot{U}_2}{\dot{U}_1}=\frac{\mathrm{j}\omega Z_2\sqrt{L_1L_2}}{\mathrm{j}\omega L_1(Z_2+\mathrm{j}\omega L_2)+\omega^2L_1L_2}=\sqrt{\frac{L_2}{L_1}} \tag{7-5}$$

又因为

$$\frac{\dot{I}_2}{\dot{I}_1}=\frac{\mathrm{j}\omega M}{Z_2+\mathrm{j}\omega L_2}=\lim_{L_1,L_2\to\infty}\frac{\mathrm{j}\omega\sqrt{L_1L_2}}{Z_2+\mathrm{j}\omega L_2}=$$

$$\lim_{L_1,L_2\to\infty}\frac{\mathrm{j}\omega\sqrt{\frac{L_1}{L_2}}}{\mathrm{j}\omega+\frac{Z_2}{L_2}}=\lim_{L_1,L_2\to\infty}\frac{\mathrm{j}\omega(n)}{\mathrm{j}\omega+\frac{Z_2}{L_2}}=n \tag{7-6}$$

式(7－5)和式(7－6)联合起来表明了理想变压器的特性。

7.3　例题详解

1. 如一放大器相当于一个$U=200$ V、内阻为$R_S=25$ kΩ的电源，扬声器的阻抗R_L为10 Ω。今欲使扬声器得到最大功率，试问在电源和负载间应接入匝数比为多少的变压器？并求R_L吸收的功率是多少？

解：为了达到匹配，在变压器输入端输入的电阻应满足

$$R_{in}=n^2R_L=25\ \mathrm{k\Omega}$$

故

$$n^2=\frac{25\ 000}{10}=2\ 500$$

$$n=50$$

负载的功率即R_{in}吸收的功率，为

$$P=\frac{200^2}{R_{in}}=\frac{4\times10^4}{25\ 000}\mathrm{W}=1.6\ \mathrm{W}$$

2. 图7－2所示变压器电路，在正弦稳态下，试求负载R_L吸收的功率。

解：由阻抗变换关系，有

$$Z_{in1}=n^2R_L=5^2\times5\ \Omega=125\ \Omega$$

$$Z_{in2}=\left(\frac{1}{n}\right)^2(25+Z_{in1})=\frac{1}{25}\times150\ \Omega=6\ \Omega$$

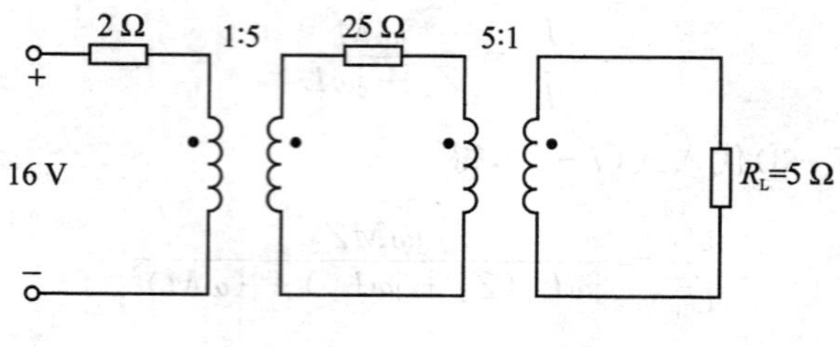

图 7-2

故输入端

$$\dot{I}_1 = \frac{16}{6+2}\text{A} = 2\ \text{A}$$

$$\dot{I}_2 = \frac{\dot{I}_1}{n} = \frac{2}{5} = 0.4\ \text{A}$$

负载上电流为

$$\dot{I}_3 = n\dot{I}_2 = 5 \times 0.4\ \text{A} = 2\ \text{A}$$

吸收的功率为

$$P = I_3^2 R_L = 4 \times 5\ \text{W} = 20\ \text{W}$$

3. 已知图 7-3 所示全耦合变压器电路中，$R_1 = 10\ \Omega, \omega L_1 = 10\ \Omega, \omega L_2 = 1\ 000\ \Omega, \dot{U}_1 = 10\angle 0^\circ\ \text{V}$，求 ab 端口的等效电压源。

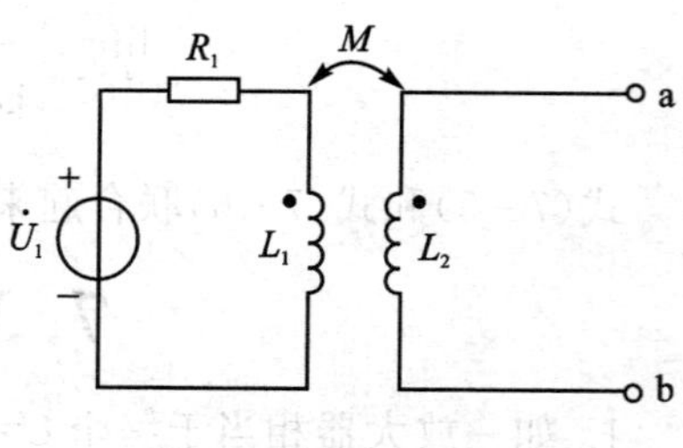

图 7-3

解：当次级(二次侧)开路时，则初级电感两端的电压为

$$\dot{U}_{L1} = \frac{j\omega L_1}{R_1 + j\omega L_1}\dot{U}_1 = \frac{j10}{10+j10} \times 10\angle 0^\circ = 5\sqrt{2}\angle 45^\circ$$

由于在全耦合时

$$\frac{L_1}{L_2} = \left(\frac{N_1}{N_2}\right)^2 = \frac{1}{100}$$

而且匝比与电压成正比，即

$$\frac{N_1}{N_2} = \frac{1}{10} = \frac{\dot{U}_{L1}}{\dot{U}_{L2}}$$

故开路电压为

$$\dot{U}_0 = \dot{U}_{L2} = 10\dot{U}_{L1} = 50\sqrt{2}\angle 45^\circ\ \text{V}$$

再求等效内阻抗。在次级外加电压 $\dot{U}$，并短路 $\dot{U}_1$，则有图 7-4(a)。

再等效为图 7-4(b)，其中

$$R_1' = \left(\frac{N_2}{N_1}\right)^2 R_1 = 100 \times 10\ \Omega = 1\ \text{k}\Omega$$

故等效阻抗为

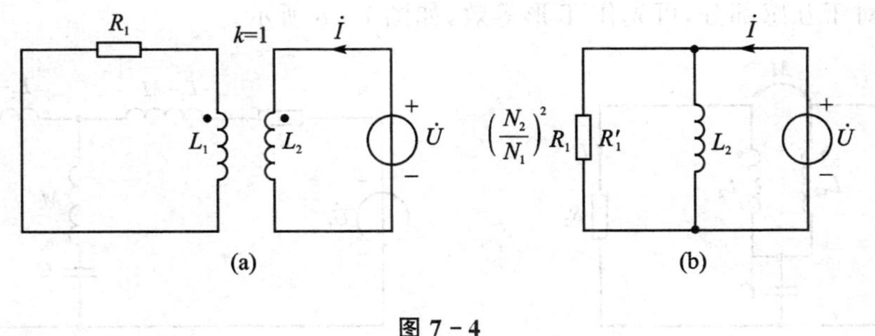

图 7－4

$$Z_0=\frac{R_1'(\mathrm{j}\omega L_2)}{R_1'+\mathrm{j}\omega L_2}=\frac{1\ 000\times \mathrm{j}1\ 000}{1\ 000+\mathrm{j}1\ 000}=\frac{\mathrm{j}1\ 000}{\sqrt{2}\angle 45^\circ}\Omega=(500+\mathrm{j}500)\ \Omega$$

本题也可以用 T 形等效电路求解。

4. 已知图 7－5 所示电路中，$L_1=L_2=1$ H，$R_L=10\ \Omega$，$\omega=10$ rad/s，$U_1=100$ V，若 $K=1$，试求 $\dot{I}_1$ 和 $\dot{I}_2$。

解：对于全耦合变压器，因为

$$\frac{L_1}{L_2}=\left(\frac{N_1}{N_2}\right)^2=n^2=1$$

其中，$n^2 R_L=10\ \Omega$。故可得等效电路，如图 7－6 所示。

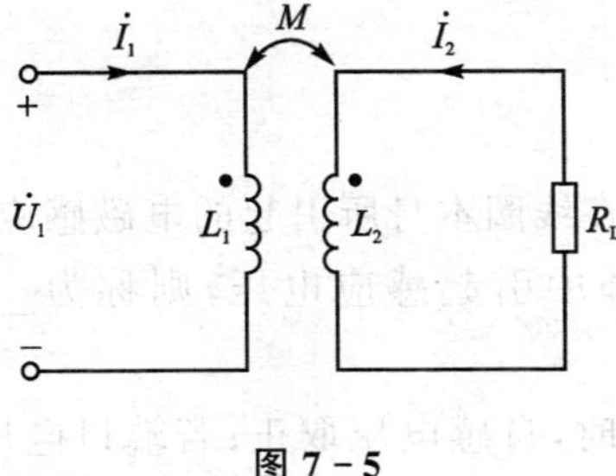

图 7－5

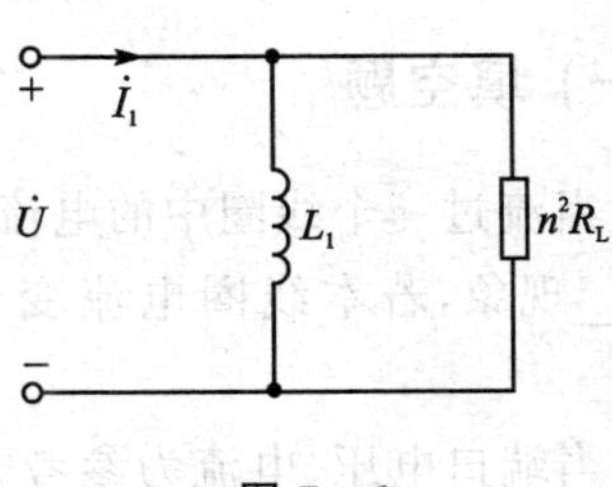

图 7－6

所以

$$\dot{I}_1=\frac{\dot{U}}{\mathrm{j}\omega L_1}+\frac{\dot{U}}{n^2R_L}=$$

$$\frac{100\angle 0^\circ}{\mathrm{j}10}+\frac{100\angle 0^\circ}{10}=(10-\mathrm{j}10)\mathrm{A}=10\sqrt{2}\angle-45^\circ\ \mathrm{A}$$

$$\dot{I}_2=-\frac{\dot{U}_2}{R_L}=-\frac{n\dot{U}_1}{R_L}=$$

$$-\frac{100\angle 0^\circ}{10}\mathrm{A}=-10\angle 0^\circ\ \mathrm{A}$$

5. 如图 7－7 所示电路，设电流各参数均已知，欲使 $\dot{I}_2=0$，问电源频率应为何值？

解：对于互感部分，可先作 T 形等效，如图 7－8 所示。

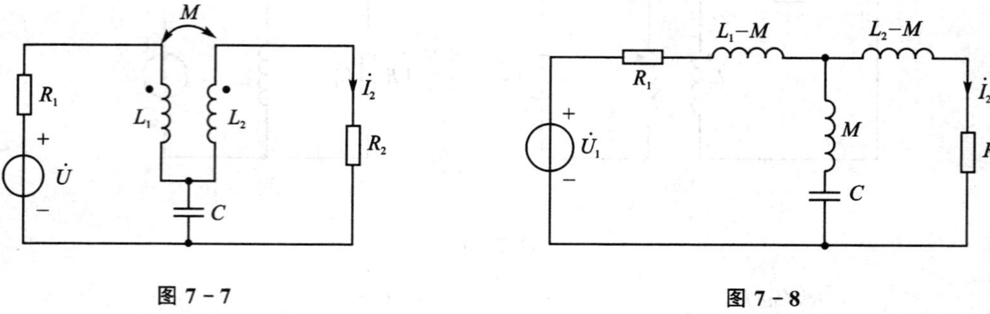

图 7－7　　　　图 7－8

为使 $\dot{I}_2=0$，可以使阻抗

$$Z=\mathrm{j}\omega M+\frac{1}{\mathrm{j}\omega C}=0$$

即

$$\omega M-\frac{1}{\omega C}=0$$

解得

$$\omega=\frac{1}{\sqrt{MC}}$$

7.4　章节练习

(一) 填空题

1. 当流过一个线圈中的电流发生变化时，在线圈本身所引起的电磁感应现象称________现象，若本线圈电流变化在相邻线圈中引起感应电压，则称为________现象。

2. 当端口电压、电流为参考方向________时，自感电压取正；若端口电压、电流的参考方向________，则自感电压为负。

3. 互感电压的正负与电流的及________端有关。

4. 两个具有互感的线圈顺向串联时，其等效电感为________；它们反向串联时，其等效电感为________。

5. 两个具有互感的线圈同侧相并时，其等效电感为________；它们异侧相并时，其等效电感为________。

6. 理想变压器的理想条件是：① 变压器中无________，② 耦合系数 $K=$________，③ 线圈的________量和________量均为无穷大。理想变压器具有________变换特性、________变换特性和________变换特性。

7. 理想变压器的变压比 $n=$________，全耦合变压器的变压比 $n=$________。

8. 当实际变压器的________很小可以忽略时，且耦合系数 $K=$________时，________称为变压器。这种变压器的________量和________量均为有限值。

9. 空芯变压器与信号源相连的电路称为回路，与负载相连接的________称为回路。空芯变压器次级对初级的反射阻抗 $Z_{1r}=$________。

10. 理想变压器次级负载阻抗折合到初级回路的反射阻抗 $Z_{1n}=$________。

(二) 判断题

1. 由于线圈本身的电流变化而在本线圈中引起的电磁感应称为自感。（　　）
2. 任意两个相邻较近的线圈总要存在互感现象。（　　）
3. 由同一电流引起的感应电压，其极性始终保持一致的端子称为同名端。（　　）
4. 两个串联互感线圈的感应电压极性取决于电流流向，与同名端无关。（　　）
5. 顺向串联的两个互感线圈，等效电感量为它们的电感量之和。（　　）
6. 同侧相并的两个互感线圈，其等效电感量比它们异侧相并时的大。（　　）
7. 通过互感线圈的电流若同时流入同名端，则它们产生的感应电压彼此增强。（　　）
8. 空芯变压器和理想变压器的反射阻抗均与初级回路的自阻抗相串联。（　　）
9. 全耦合变压器的变压比与理想变压器的变压比相同。（　　）
10. 全耦合变压器与理想变压器都是无损耗且耦合系数等于 1。（　　）

(三) 单项选择题

1. 符合全耦合、参数无穷大、无损耗 3 个条件的变压器称为（　　）。

   A. 空芯变压器　　B. 理想变压器　　C. 实际变压器

2. 线圈几何尺寸确定后，其互感电压的大小正比于相邻线圈中电流的（　　）。

   A. 大小　　B. 变化量　　C. 变化率

3. 两互感线圈的耦合系数 $K=$（　　）。

   A. $\dfrac{\sqrt{M}}{L_1L_2}$　　B. $\dfrac{M}{\sqrt{L_1L_2}}$　　C. $\dfrac{M}{L_1L_2}$

4. 两互感线圈同侧相并时，其等效电感量 $L_{同}=$（　　）。

   A. $\dfrac{L_1L_2-M^2}{L_1+L_2-2M}$　　B. $\dfrac{L_1L_2-M^2}{L_1+L_2+2M^2}$　　C. $\dfrac{L_1L_2-M^2}{L_1+L_2-M^2}$

5. 两互感线圈顺向串联时，其等效电感量 $L_{顺}=$（　　）。

   A. L_1+L_2-2M　　B. L_1+L_2+M　　C. L_1+L_2+2M

6. 符合无损耗、$K=1$ 和自感量、互感量均为无穷大条件的变压器是（　　）。

   A. 理想变压器　　B. 全耦合变压器　　C. 空芯变压器

7. 反射阻抗的性质与次级回路总阻抗性质相反的变压器是（　　）。

   A. 理想变压器　　B. 全耦合变压器　　C. 空芯变压器

8. 符合无损耗、$K=1$ 和自感量、互感量均为有限值条件的变压器是(　　)。

A. 理想变压器　　B. 全耦合变压器　　C. 空芯变压器

(四) 简答题

1. 试述同名端的概念。为什么两互感线圈串联和并联时必须要注意它们的同名端?

2. 何谓耦合系数?什么是全耦合?

3. 理想变压器和全耦合变压器有何相同之处?有何区别?

4. 试述理想变压器和空芯变压器的反射阻抗不同之处。

5. 何谓同侧相并和异侧相并?哪一种并联方式获得的等效电感量大?

6. 如果误把顺串的两互感线圈反串,会发生什么现象?为什么?

(五) 计算分析题

1. 求图 7-9 所示电路的等效阻抗。

2. 耦合电感 $L_1=6$ H,$L_2=4$ H,$M=3$ H,试计算耦合电感作串联、并联时的各等效电感值。

3. 耦合电感 $L_1=6$ H,$L_2=4$ H,$M=3$ H。(1) 若 L_2 短路,求 L_1 端的等效电感值;(2) 若 L_1 短路,求 L_2 端的等效电感值。

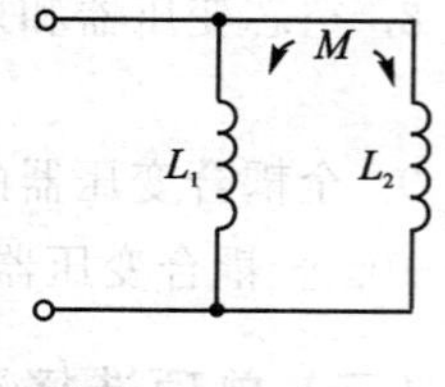

图 7-9

4. 电路如图 7-10 所示,(1) 试选择合适的匝数比使传输到负载上的功率达到最大;(2) 求 1 Ω 负载上获得的最大功率。

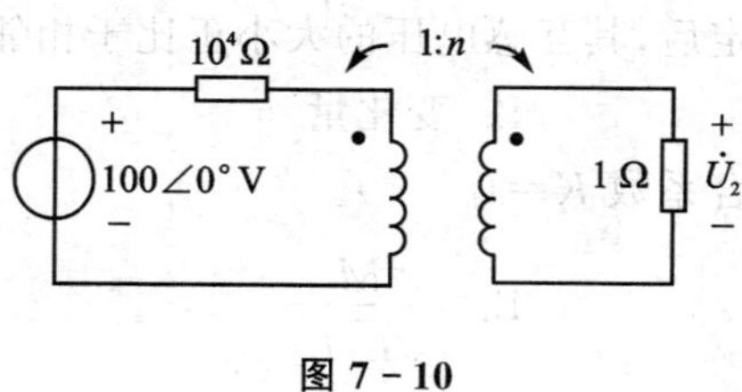

图 7-10

第 8 章 磁路与变压器

8.1 本章要求

1. 掌握内容

掌握磁化现象、磁滞和涡流损耗；

掌握三相变压器的连接组别；

理解变压器的电压比、电流比和阻抗变换。

2. 熟悉内容

熟悉磁路、磁通势和磁阻的概念。

8.2 学习指导

（1）磁路、磁通势和磁阻的概念；

（2）消磁与充磁的原理和方法；

（3）磁化现象、磁滞和涡流损耗；

（4）常用磁性材料；

（5）变压器的电压比、电流比和阻抗变换；

（6）三相变压器的连接组别。

1. 磁路的基本知识

（1）磁化现象、磁滞和涡流损耗的概念。

（2）磁路的欧姆定律。

（3）重要公式：

$$H = \frac{\beta}{\mu}$$

$$H = \frac{I}{2\pi r}$$

$$\Phi = \frac{F}{R_m} = \frac{NI}{\dfrac{l}{\mu S}} = \frac{F}{R_m}$$

2. 变压器的工作原理

$$\dot{U}_1 \approx -\dot{E}_1 \rightarrow U_1 \approx E_1 = 4.44 f \Phi_m N_1$$

$$K = \frac{U_1}{U_2} \approx \frac{E_1}{E_2} = \frac{N_1}{N_2}$$

3. 变压器负载运行时的基本方程

$$U_2 = U_{20} = E_2 = 4.44 f \Phi_m N_2$$

$$I_1 = \frac{I_2}{K}$$

$$|Z'| = \frac{U_1}{I_1} = \frac{KU_2}{I_2/K} = K^2 |Z|$$

4. 变压器的电压调整率

$$\Delta U\% = \frac{U_{20} - U_{2N}}{U_{20}} \times 100\%$$

3. 变压器的功率和效率

$$P_1 = U_1 I_1 \cos \varphi_1$$

$$P_2 = U_2 I_2 \cos \varphi_2$$

$$P_1 = P_2 + \Delta P_{Fe} + \Delta P_{Cu}$$

$$\eta = \frac{P_2}{P_2 + \Delta P_{Cu} + \Delta P_{Fe}} \times 100\%$$

8.3 例题详解

1. 有一交流铁芯线圈，接在 $f=50$ Hz 的正弦电源上，在铁芯得到磁通的最大值 $\Phi_m = 4\times10^{-3}$ Wb。现在在此铁芯上在绕一个线圈，其匝数为 100，当此线圈开路时，求两端电压。

解：$U_0 = E = 4.44 f N \Phi_m = 4.44 \times 50\ \text{Hz} \times 100 \times 4 \times 10^{-3}\ \text{Wb} = 88.8\ \text{V}$

2. 有一线圈匝数为 1 500 匝，套在铸钢职称的闭合铁芯上，铁芯的截面积为 10 cm^2，长度为 75 cm。求：

(1) 如果要在铁芯中产生 0.001 Wb 的磁通，磁场强度 H 为 0.7×10^3 A/m，线圈中应通入多大的直流电流？

(2) 若线圈中通入电流 2.5 A，则铁芯中的磁场强度多大？

解：(1)
$$B = \frac{\Phi}{S} = \frac{0.001\ \text{Wb}}{0.001\ \text{m}^2} = 1\ \text{T}$$

$$I = \frac{HL}{N} = \frac{0.7\times10^3\ \text{A/m} \times 0.75\ \text{m}}{1\ 500}\ \text{A} = 0.35\ \text{A}$$

(2) $H = \dfrac{IN}{L} = \dfrac{2.5\ \text{A} \times 1\ 500}{0.75\ \text{m}} = 5\times10^3\ \text{A/m}$

3. 有一交流铁芯线圈接在 220 V、50 Hz 的正弦交流电源上，线圈的匝数为 733 匝，铁芯截面积为 13 cm^2。求：

(1) 铁芯中的磁通量最大值和磁感应强度最大值是多少？

(2) 若在此铁芯上再套上一个 60 匝的线圈，则此线圈的开路电压是多少？

解：(1) 因为
$$U \approx E = 4.44 f N \Phi_m$$

所以 $$\Phi_m \approx \frac{U}{4.44fN} = \frac{220\ \text{V}}{4.44 \times 50\ \text{Hz} \times 733} = 0.001\ 35\ \text{Wb}$$

$$B_m = \frac{\Phi_m}{S} = \frac{0.001\ 35\ \text{Wb}}{0.001\ 3\ \text{m}^2} = 1.04\ \text{T}$$

(2) $$\frac{U_1}{U_2} = \frac{N_1}{N_2}$$

所以 $$U_2 = \frac{U_1 N_2}{N_1} = \frac{220\ \text{V} \times 60}{733} = 18\ \text{V}$$

4. 已知某单相变压器的一次绕组电压为 3 000 V，二次绕组的电压为 220 V，负载是一台 220 V、25 kW 的电阻炉，试求一、二次绕组的电流各为多少？

解：二次绕组的电流为：

$$I_2 = \frac{P_2}{U_2} = \frac{25 \times 10^3\ \text{W}}{220\ \text{V}} = 113.6\ \text{A}$$

$$\frac{I_1}{I_2} = \frac{U_2}{U_1}$$

所以一次绕组的电流为

$$I_1 = \frac{I_2 U_2}{U_1} = \frac{113.6\ \text{A} \times 20\ \text{V}}{3\ 000\ \text{V}} = 8.36\ \text{A}$$

5. 单相变压器一次绕组 $N_1 = 1\ 000$ 匝，二次绕组 $N_2 = 500$ 匝，现一次侧加电压 $U_1 = 220$ V，二次侧接电阻性负载，测得二次侧电流 $I_2 = 4$ A，忽略变压器的内阻抗及损耗，试求：

(1) 一次侧等效阻抗 $|Z_1'|$；

(2) 负载消耗功率 P_2。

解：(1) $$I_1 = \frac{I_2 N_2}{N_1} = \frac{4\ \text{A} \times 500}{1\ 000} = 2\ \text{A}$$

$$|Z_1'| = \frac{U_1}{I_1} = \frac{220\ \text{V}}{2\ \text{A}} = 110\ \Omega$$

(2) $$U_2 = \frac{U_1 N_2}{N_1} = \frac{220\ \text{V} \times 500}{1\ 000} = 110\ \text{V}$$

$$P_2 = I_2 U_2 = 4\ \text{A} \times 110\ \text{V} = 440\ \text{W}$$

6. 某机修车间的单相行灯变压器，一次侧的额定电压为 220 V，额定电流为 4.55 A，二次侧的额定电压为 36 V，试求二次侧可接多少盏 36 V、60 W 的照明灯？

解：$$I_2 = \frac{I_1 U_1}{U_2} = \frac{4.55\ \text{A} \times 220\ \text{V}}{36\ \text{V}} = 27.8\ \text{A}$$

照明灯的额定电流：$$I = \frac{P}{U} = \frac{60\ \text{W}}{36\ \text{V}} = 1.67\ \text{A}$$

$$I_2 / I = 27.8\ \text{A} / 1.67\ \text{A} = 16.7$$

所以，照明灯盏数为 $n = 16$ 盏。

7. 将一铁芯线圈接于$U=200$ V，频率$f=50$ Hz的正弦电源上，其电流$I_1=5$ A，$\cos\varphi_1=0.7$。若将此线圈中铁芯抽出，再接于上述电源上，则线圈中电流$I_2=10$ A，$\cos\varphi_2=0.05$。试求此线圈在具有铁芯时的铜损和铁损。

解：
$$R=\frac{U}{I_2}\cos\varphi_2=(200\ \text{V}/\ 10\text{A})\times 0.5=1\ \Omega$$
$$\Delta P_{\text{cu}}=I_1^2R=(5\ \text{A})^2\times 1\ \Omega=25\ \text{W}$$
$$\Delta P_{\text{Fe}}=I_1U_1\cos\varphi_1-\Delta P_{\text{cu}}=5\ \text{A}\times 200\ \text{V}\times 0.7-25\ \text{W}=675\ \text{W}$$

8. 变压器能否改变直流电压？为什么？

答：变压器是依据互感原理工作的，直流电压下无互感作用，所以变压器不能改变直流电压。

9. 一台110 V/220 V的变压器，若误接到110 V直流电源上，将产生什么后果？

答：误接到110 V直流电源上，绕组中不能产生感应电动势，故$E_1=0$，一次电流将由欧姆定律决定，等于U_1/R_1，其中R_1很小，因此电流将很大，足以烧毁变压器。

10. 为什么变压器的空载损耗可近似看成铁损耗，而短路损耗可近似看成为铜损耗？

答：变压器铁损耗的大小决定于铁芯中磁通密度的大小，铜损耗的大小决定决定于绕组中电流的大小。空载时，电源电压为额定值，铁芯中磁通密度达到正常运行的数值，铁损耗也为正常运行时的数值。而此时二次绕组中的电流为零，没有铜损耗，一次绕组中电流仅为励磁电流，远小于正常运行的数值，它产生的铜损耗相对于这时的铁损耗，可以忽略不计，因而空载损耗可近似看成为铁损耗。短路试验时，输入功率为短路损耗。此时一次、二次绕组电流均为额定值，铜损耗也达到正常运行时的数值，而电压大大低于额定电压，铁芯中磁通密度也大大低于正常运行时的数值，此时铁损耗与铜损耗相比可忽略不计。因此短路损耗可近似看成铜损耗。

11. 变压器的连接组别Y，yn12、Y，d1的含义是什么？

答：变压器的连接组别的表示方法是：Y(或y)为星形接线，D(或d)为三角形接线。数字采用时钟表示法，用来表示一、二次侧线电压的相位关系，一次侧线电压相量作为分针，固定指在时钟12点的位置，二次侧的线电压相量作为时针。Y，yn12指一、二次侧绕组都是星形连接，且二次绕组有中线，后面的12表示一、二次侧线电压的相位相同；Y，d1表示变压器高压侧星形接线(Y)，低压侧为三角形接线(d)，后面的1表示一、二次线电压相位差为$-30°$。

8.4 章节练习

(一) 填空题

1. 线圈产生感应电动势的大小正比于通过线圈的________。

2. 磁路的磁通等于________与________之比，这就是磁路的欧姆定律。

3. 变压器是由________和________组成的。

4. 变压器有________、________和________的作用。

5. 变压器的铁芯既是________，又是________，它由________和________组成。

6. 变压器空载运行时，其________较小，所以空载时的损耗近似等于________。

7. 变压器铁芯导磁性能越好，其励磁电抗越________，励磁电流越________。

8. 变压器的原副边虽然没有直接电的联系，但当负载增加，副边电流就会增加，原边电流________。

9. 变压器的原副边虽然没有直接电的联系，但当负载减少，副边电流就会减小，原边电流________。

10. 变压器在电力系统中的主要作用是________，以利于功率的传输。

（二）选择题

1. 变压器的基本工作原理是（　　）。

A. 电磁感应　　B. 电流的磁效应

C. 能量平衡　　D. 电流的热效应

2. 有一空载变压器原边额定电压为 380 V，并测得原绕组 $R=10\ \Omega$，试问原边电流应为（　　）。

A. 大于 38 A　　B. 等于 38 A　　C. 大大低于 38 A

3. 某单相变压器额定电压为 380/220 V，额定频率为 50 Hz。如将低压边接到 380 V 交流电源上，将出现（　　）。

A. 主磁通增加，空载电流减小

B. 主磁通增加，空载电流增加

C. 主磁通减小，空载电流减小

4. 某单相变压器额定电压为 380/220 V，额定频率为 50 Hz。如电源为额定电压，但频率比额定值高 20%，将出现（　　）。

A. 主磁通和励磁电流均增加

B. 主磁通和励磁电流均减小

C. 主磁通增加，而励磁电流减小

5. 如将 380/220 V 的单相变压器原边接于 380 V 直流电源上，将出现（　　）。

A. 原边电流为零　　B. 副边电压为 220 V

C. 原边电流很大，副边电压为零

6. 当电源电压的有效值和电源频率不变时，变压器负载运行和空载运行时的主磁通是（　　）。

A. 完全相同　　B. 基本不变

C. 负载运行比空载时大　　D. 空载运行比负载时大

7. 变压器在负载运行时，原边与副边在电路上没有直接联系，但原边电流能随副边电流的增减而成比例的增减，这是由于(　　)。

A. 原绕组和副绕组电路中都具有电动势平衡关系

B. 原绕组和副绕组的匝数是固定的

C. 原绕组和副绕组电流所产生的磁动势在磁路中具有磁动势平衡关系

8. 今有变压器实现阻抗匹配，要求从原边看等效电阻是 50 Ω，今有 2 Ω 电阻一支，则变压器的变比 $K=$(　　)。

A. 100　　B. 25　　C. 0.25　　D. 5

9. 变压器原边加 220 V 电压，测得副边开路电压为 22 V，副边接负载 $R_2=11\ \Omega$，原边等效负载阻抗为(　　)Ω。

A. 1 100　　B. 110　　C. 220　　D. 1 000

10. 变压器原边加 220 V 电压，测得副边开路电压为 22 V，副边接负载 $R_2=11\ \Omega$，副边电流 I_2 与原边电流 I_1 比值为(　　)。

A. 0.1　　B. 1　　C. 10　　D. 100

11. 磁性物质的磁导率不是常数，因此(　　)。

A. Φ 与 I 成正比　　B. Φ 与 B 不成正比　　C. B 与 H 不成正比

12. 在直流空心线圈置入铁芯后，如在同一电压作用下，则电流 I(　　)。

A. 增大　　B. 减小　　C. 不变

13. 在直流空心线圈置入铁芯后，如在同一电压作用下，则磁通(　　)。

A. 增大　　B. 减小　　C. 不变

14. 在直流空心线圈置入铁芯后，如在同一电压作用下，则电感 L(　　)。

A. 增大　　B. 减小　　C. 不变

15. 在直流空心线圈置入铁芯后，如在同一电压作用下，则功率 P(　　)。

A. 增大　　B. 减小　　C. 不变

16. 铁芯线圈中的铁芯到达磁饱和时，则线圈电感 L(　　)。

A. 增大　　B. 减小　　C. 不变

17. 在交流铁芯线圈中，如将铁芯截面积减小，其他条件不变，则磁动势(　　)。

A. 增大　　B. 减小　　C. 不变

18. 交流铁芯线圈的匝数固定，当电源频率不变时，则铁芯中主磁通的最大值基本上决定于(　　)。

A. 磁路结构　　B. 线圈阻抗　　C. 电源电压

19. 为了减小涡流损耗，交流铁芯线圈中的铁芯由钢片(　　)叠成。

A. 垂直磁场方向　B. 任意　　C. 顺磁场方向

20. 当变压器的负载增加后，则(　　)。

A. 一次侧电流 I_1 和二次侧电流 I_2 同时增大

B. 二次侧负载电流 I_2 增大，一次侧电流 I_1 保持不变

C. 铁芯中磁通 Φ_m 增大

21. 50 Hz 的变压器用于 30 Hz 是，则(　　)。

A. 一次侧电压 U_1 降低　　B. Φ_m 近于不变　　C. 可能烧坏绕组

22. 一台 10/0.4 kV，△/Y 连接的三相变压器的变比是(　　)。

A. 25　　B. 43.3　　C. 14.43

23. 变压器额定容量的单位是(　　)。

A. kvar　　B. kV·A　　C. kW

(三) 判断题

1. 自耦变压器由于存在传导功率，因此其绕组容量小于铭牌的额定容量。(　　)

2. 使用电压互感器时其二次侧不允许开路，而使用电流互感器时二次侧则不允许短路。(　　)

3. 电源电压和频率不变时，变压器的主磁通基本为常数，因此负载和空载时感应电动势 E_1 为常数。(　　)

4. 变压器空载运行时，电源输入的功率只是无功功率 。(　　)

5. 变压器频率增加，励磁电抗增加，漏电抗不变。(　　)

6. 变压器空载运行时一次侧加额定电压，由于绕组电阻 R_1 很小，因此电流很大。(　　)

7. 变压器空载和负载时的损耗是一样的。(　　)

8. 变压器的变比可看做是一、二次侧额定线电压之比。(　　)

9. 只要使变压器的一、二次绕组匝数不同，就可达到变压的目的。(　　)

10. 不管变压器饱和与否，其参数都是保持不变的。(　　)

11. 变压器在原边外加额定电压不变的条件下，副边电流大，导致原边电流也大，因此变压器的主要磁通也大。(　　)

12. 一台 50 Hz 的变压器接到 60 Hz 的电网上，外加电压的大小不变，励磁电流将减小。(　　)

13. 变压器负载呈容性，负载增加时，二次侧电压将降低。(　　)

(四) 计算题

1. 有一交流铁芯线圈，接在 $f=50$ Hz 的正弦电源上，在铁芯得到磁通的最大值 $\Phi_m=5\times10^{-3}$ Wb。现在在此铁芯上在绕一个线圈，其匝数为 120，当此线圈开路时，求两端电压。

2. 有一交流铁芯线圈接在 220 V、50 Hz 的正弦交流电源上，线圈的匝数为 500 匝，铁芯截面积为 15 cm^2。求铁芯中的磁通量最大值和磁感应强度最大值是多少?

3. 一台变压器有两个原边绕组，每组额定电压为 110 V，匝数为 440 匝，副边绕组匝数为 80 匝，试求:(1)原边绕组串联时的变压比和原边加上额定电压时的副边输出电压。(2)原边绕组并联时的变压比和原边加上额定电压时的副边输出电压。

4. 已知变压器原边电压 $U_1=380$ V,若变压器效率为 80%,要求副边接上额定电压为 36 V、额定功率为 40 W 的照明灯 100 只,求:副边电流 I_2 和原边电流 I_1。

5. 在图 8-1 中,将 $R_L=8\ \Omega$ 的扬声器接在输出变压器的副绕组,已知 $N_1=300$,$N_2=100$,信号源电动势 $E=6$ V,内阻 $R_{S1}=100\ \Omega$,试求信号源输出的功率。

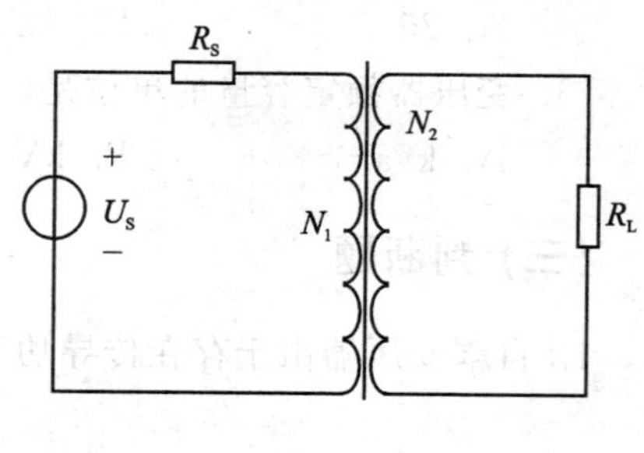

图 8-1

6. 图 8-2 所示是一电源变压器,原绕组有 550 匝,接在 220 V 电压。副绕组有两个:一个电压 36 V,负载 36 W;一个电压 12 V,负载 24 W。两个都是纯电阻负载时。求原边电流 I_1 和两个副绕组的匝数。

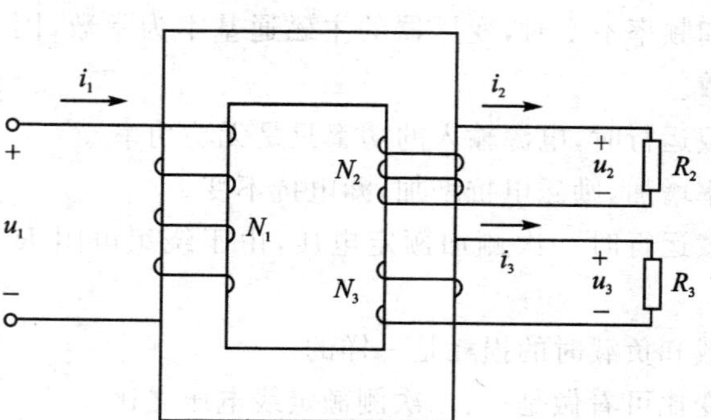

图 8-2

7. 有一台 D-50/10 单相变压器,$S_N=50$ kV·A,$U_{1N}/U_{2N}=10\ 500$ V/230 V,试求变压器原、副线圈的额定电流?

(五) 简答题

1. 从物理意义上说明变压器为什么能变压,而不能变频率?

2. 变压器铁芯的作用是什么?为什么它要用 0.35 mm 厚、表面涂有绝缘漆的硅钢片叠成?

3. 变压器有哪些主要部件,它们的主要作用是什么?

4. 变压器原、副方和额定电压的含义是什么?

5. 为什么要把变压器的磁通分成主磁通和漏磁通?它们之间有哪些主要区别?并指出空载和负载时激励各磁通的磁动势?

6. 变压器的空载电流的性质和作用如何?它与哪些因素有关?

7. 一台 220 V/110 V 的变压器,变比 $K=\dfrac{N_1}{N_2}=2$,能否一次线圈用 2 匝,二次线

圈用 1 匝，为什么？

8. 单相变压器的组别(极性)有何意义，如何用时钟法来表示？

9. 变压器的连接组别(如 Y，yn0、Y，d11)的含义是什么？

10. 自耦变压器与普通变压器在结构上有什么不同？在能量传递方面又有何不同？

11. 电压互感器与电流互感器各有什么用途？使用电流互感器时为什么要严禁副边开路？

(六) 作图题

1. 画相量图判定组别：如图 8-3(a)所示。

2. 画相量图判定组别：如图 8-3(b)所示。

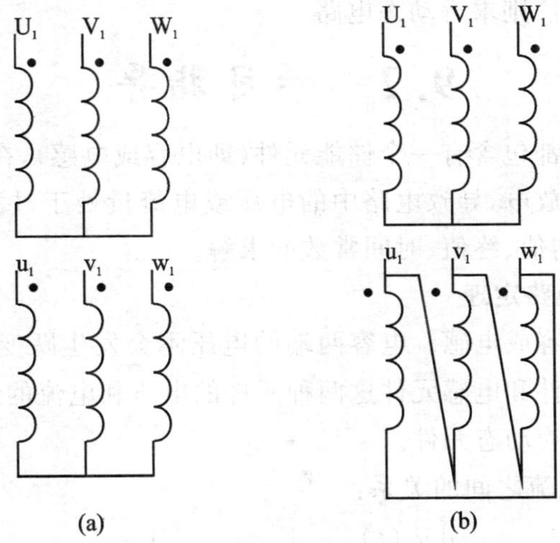

图 8-3

第9章　一阶动态电路分析

9.1　本章要求

1. 掌握内容

掌握一阶动态电路过渡过程中储能元件的电压电流的波形变化；

掌握一阶动态电路的三要素求解方法。

2. 熟悉内容

熟练应用三要素法则求解动态电路。

9.2　学习指导

一阶动态电路中都包含有一个储能元件(即电容或电感),在电路进行换路时,由于储能元件的充电或放电,导致电路中的电压或电流量处于过渡状态。一阶动态电路的求解,主要包括初值、终值、时间常数的求解。

1. 储能元件及换路定理

储能元件是指电容或电感。电容两端的电压不会发生跃变,流过电感的电流不会发生跃变。电容元件和电感元件这两种元件的电压和电流的约束关系是通过导数或积分表达的所以称为动态元件。

① 电容电压和电流之间的关系：

$$i_C(t)=C\frac{\mathrm{d}\,u_c(t)}{\mathrm{d}t}\qquad u_C(t)=\frac{1}{C}\int_{-\infty}^{t}i_C(\tau)\mathrm{d}\tau$$

② 电感电压和电流之间的关系：

$$u_L(t)=L\frac{\mathrm{d}\,i_L(t)}{\mathrm{d}t}\qquad i_L(t)=\frac{1}{L}\int_{-\infty}^{t}u_L(\tau)\mathrm{d}\tau$$

③ 换路定理：

$$u_c(0_+)=u_c(0_-)\qquad i_L(0_+)=i_L(0_-)$$

2. 初值和终值的求解

(1) 初值的求解步骤

① 画 $t=0_-$ 时的等效电路,求出$u_C(0_-)$ 和 $i_L(0_-)$ 。此时,电容视为开路,电感视为短路。

② 根据换路定律可得出$u_C(0_+)$ 和 $i_L(0_+)$。

③ 画 $t=0_+$ 时的等效电路，求解其他变量的初值。此时，电容等效为恒压源，电感等效为恒流源。若 $u_C(0_+)=0$，电容可视为短路，若 $i_L(0_+)=0$，电感可视为开路。

(2) 终值的求解

画出 $t=\infty$ 时的电路，此时，电容视为开路，电感视为短路。

3. 时间常数的求解

① RC 电路，$\tau=R_0C$

② RL 电路，$\tau=\dfrac{L}{R_0}$

其中，R_0 是从储能元件两端看进去的有源或无源二端网络的等效电阻。

4. 零输入响应、零状态响应及全响应的求解

① 零输入响应：仅由储能元件的初始储能所产生的响应，即：

$$y_{ZIR} = y(0_+)e^{-\frac{t}{\tau}}$$

② 零状态响应：仅由外接激励源（电压源和电流源）产生的响应，即：

$$y_{ZSR} = y(\infty)(1-e^{-\frac{t}{\tau}})$$

③ 全响应＝零输入响应＋零状态响应，即：

$$y = [y(0_+)-y(\infty)]e^{-\frac{t}{\tau}}+y(\infty)$$

只要计算出初始值 $y(0_+)$、稳态值 $y(\infty)$、时间常数 τ，这三个要素，就可以得出一阶动态电路的全响应，这种方法就是三要素法。

9.3　例题详解

1. 如图 9－1 所示电路原已稳定，$t=0$ 时开关 S 闭合。试求 $u_C(0_+)$、$i_C(0_+)$、$i_L(0_+)$、$i_S(0_+)$。

解：(1) 在 $t=0_-$ 时，画出等效电路，如图 9－2 所示，根据电路可得：

$$i_L(0_-)=5\ \text{A}$$

$$u_C(0_-)=3\ \Omega\times i_L(0_-)=3\ \Omega\times 5\ \text{A}=15\ \text{V}$$

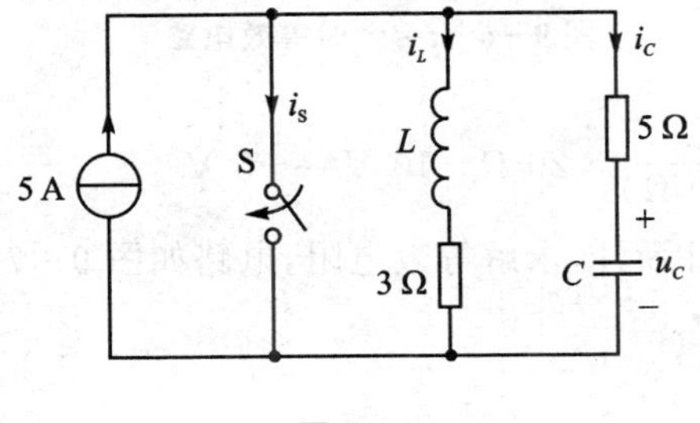

图 9－1

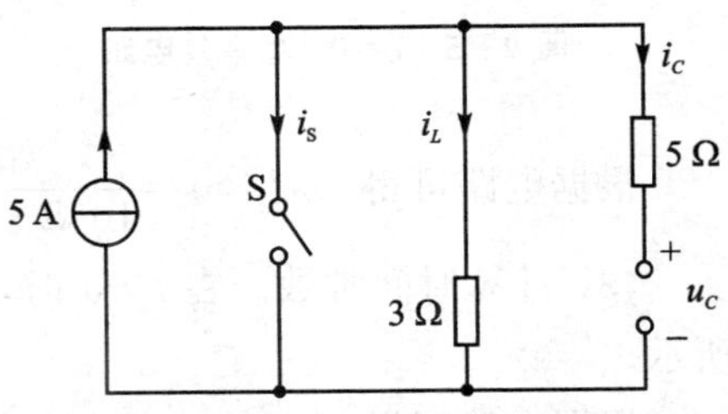

图 9－2　$t=0_-$ 时等效电路

(2) 根据换路定律可得：

$$i_L(0_+)=i_L(0_-)=5\ \text{A}$$

$$u_C(0_+)=u_C(0_-)=15\ \text{V}$$

(3) 在 $t=0_+$ 时，画出等效电路，如图 9-3 所示。

根据电路可得：

$$i_C(0_+)=-\frac{15\ \text{V}}{5\ \Omega}=-3\ \text{A}$$

$$i_S(0_+)=5\ \text{A}-5\ \text{A}-i_C(0_+)=3\ \text{A}$$

2. 如图 9-4 所示电路，换路前电路已处于稳态，$t=0$ 时开关 S 闭合，求 $u_C(t)$、$i_C(t)$，并画出它们的波形。

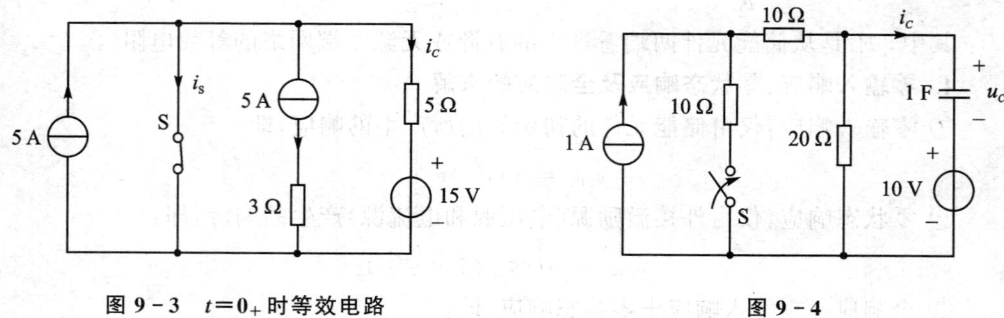

图 9-3 $t=0_+$ 时等效电路　　图 9-4

解：(1) 计算初始值。画出 $t=0_-$ 时的等效电路，如图 9-5 所示。

根据电路可得：$u_C(0_+)=u_c(0_-)=1\ \text{A}\times 20\ \Omega-10\ \text{V}=10\ \text{V}$

(2) 计算稳态值。画出 $t=\infty$ 时的等效电路，如图 9-6 所示。

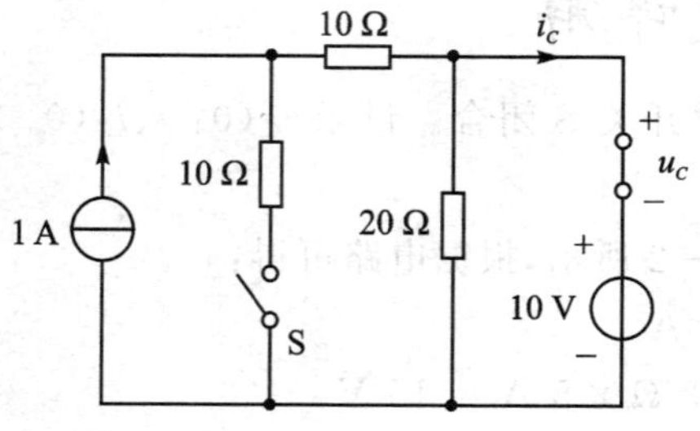

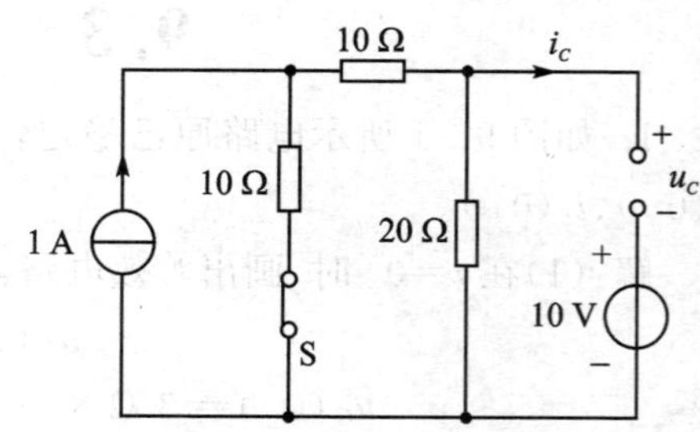

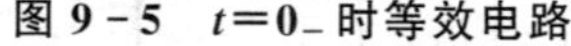

图 9-5 $t=0_-$ 时等效电路　　图 9-6 $t=\infty$ 时等效电路

根据电路可得：$u_C(\infty)=\dfrac{10\ \Omega\times 1\ \text{A}}{10\ \Omega+(10\ \Omega+20\ \Omega)}\times 20\ \Omega-10\ \text{V}=-5\ \text{V}$

(3) 计算时间常数。在 $t>0$ 时，将储能元件断开，求解等效电阻，电路如图 9-7 所示。

根据电路可得：

$$R_0=20\ \Omega\parallel(10\ \Omega+10\ \Omega)=10\ \Omega$$

$$\tau=RC=1\ \text{F}\times 10\ \Omega=10\ \text{s}$$

故有

$$u_C(t)=[u_C(0_+)-u_C(\infty)]\text{e}^{-\frac{t}{\tau}}+u_C(\infty)=(15\ \text{e}^{-0.1t}-5)\ \text{V}$$

$$i_C(t)=C\frac{\mathrm{d}\,u_C}{\mathrm{d}t}=(15\,\mathrm{e}^{-0.1t}-5)'=(-1.5\,\mathrm{e}^{-0.1t})\ \mathrm{A}$$

$u_C(t)$、$i_C(t)$波形如图 9-8 所示。

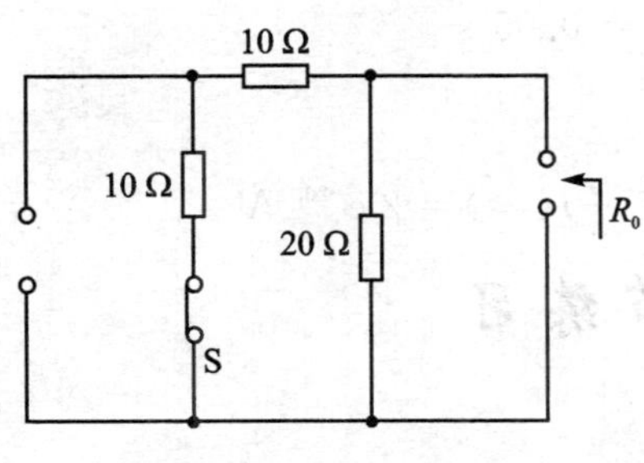

图 9-7　$t>0$ 时等效电阻

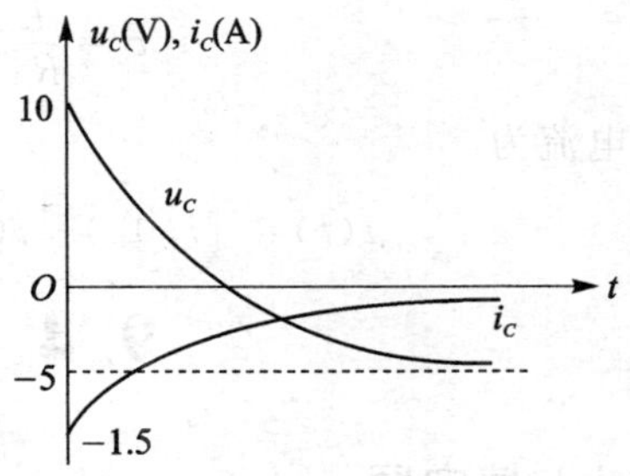

图 9-8　$u_C(t)$、$i_C(t)$波形

3. 如图 9-9 所示电路原已达稳态。开关 S 在 $t=0$ 时闭合。求电容电压u_C的零输入响应,零状态响应及全响应。

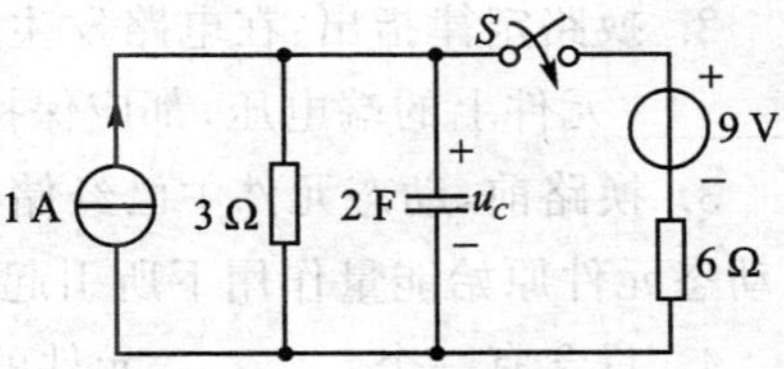

图 9-9

解:(1) 计算初始值:$u_C(0_+)=u_C(0_-)=1\ \mathrm{A}\times 3\ \Omega=3\ \mathrm{V}$

(2) 计算稳态值:$u_C(\infty)=1\ \mathrm{A}\times(3\ \Omega\parallel 6\ \Omega)+\frac{3\times 9}{3+6}\ \mathrm{V}=5\ \mathrm{V}$

(3) 时间常数:$\tau=R_0C=(3\parallel 6)\ \Omega\times 2\ \mathrm{F}=4\ \mathrm{s}$

全响应:$u_C(t)=[u_C(0_+)-u_C(\infty)]\mathrm{e}^{-\frac{t}{\tau}}+u_C(\infty)=(-2\,\mathrm{e}^{-0.25t}+5)\ \mathrm{V}$

零输入响应:$u_{CZIR}(t)=u_C(0_+)\mathrm{e}^{-\frac{t}{\tau}}=3\,\mathrm{e}^{-0.25t}\ \mathrm{V}$

零状态响应:$u_{CZSR}(t)=u_C(\infty)[1-\mathrm{e}^{-\frac{t}{\tau}}]=[5(1-\mathrm{e}^{-0.25t})]\ \mathrm{V}$

4. 图 9-10 所示电路中,开关 S 断开前电路已达稳态,$t=0$ 时开关 S 断开,求电流 i。

解:(1) 计算初值:$i(0_+)=i(0_-)=\frac{20\ \mathrm{V}}{10\ \Omega}=2\ \mathrm{A}$

(2) 计算终值:$i(\infty)=0$

(3) 计算时间常数: 计算 $t>0$ 时的等效电阻如图 9-11 所示,计算等效电阻

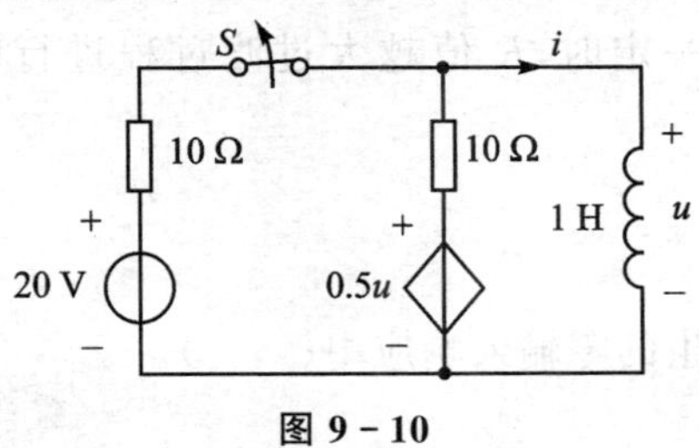

图 9-10

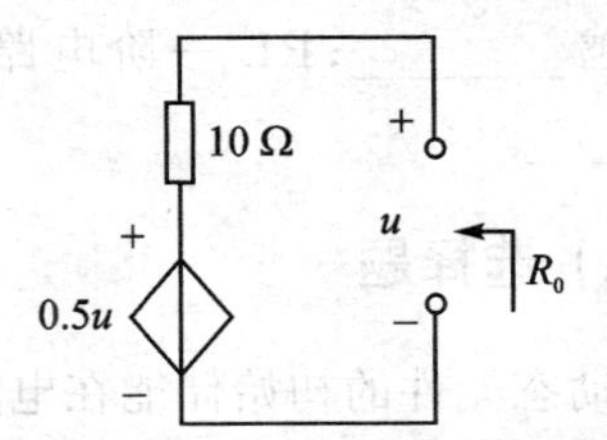

图 9-11　$t>0$ 时等效电阻

根据戴维南等效电路可得：

$$R_0 = \frac{U}{I} = \frac{u}{(u-0.5u)/10\ \text{A}} = 20\ \Omega$$

$$\tau = \frac{L}{R_0} = \frac{1\ \text{H}}{20\ \Omega} = 0.05\ \text{s}$$

所以，电流为

$$i(t) = [i(0_+) - i(\infty)]e^{-\frac{t}{\tau}} + i(\infty) = 2\,e^{-20t}\ \text{A}$$

9.4 章节练习

(一) 填空题

1. 暂态是指从一种________态过渡到另一种________态所经历的过程。

2. 换路定律指出：在电路发生换路后的一瞬间，________元件上通过的电流和________元件上的端电压，都应保持换路前一瞬间的原有值不变。

3. 换路前，动态元件中已经储有原始能量。换路时，若外激励等于________，仅在动态元件原始能量作用下所引起的电路响应，称为________响应。

4. 只含有一个________元件的电路可以用________方程进行描述，因而称作一阶电路。

5. 仅由外激励引起的电路响应称为一阶电路的________响应；只由元件本身的原始能量引起的响应称为一阶电路的________响应；既有外激励、又有元件原始能量的作用所引起的电路响应叫做一阶电路的________响应。

6. 一阶 RC 电路的时间常数 $\tau=$________；一阶 RL 电路的时间常数 $\tau=$________。时间常数 τ 的取值决定于电路的________和________。

7. 一阶电路全响应的三要素是指待求响应的________值、________值和________。

8. 在电路中，电源的突然接通或断开，电源瞬时值的突然跳变，某一元件的突然接入或被移去等，统称为________。

9. 换路定律指出：一阶电路发生的路时，状态变量不能发生跳变。该定律用公式可表示为 ________和________。

10. 由时间常数公式可知，RC 一阶电路中，C 一定时，R 值越大过渡过程进行的时间就越________；RL 一阶电路中，L 一定时，R 值越大过渡过程进行的时间就越________。

(二) 选择题

1. 动态元件的初始储能在电路中产生的零输入响应中(　　)。

A. 仅有稳态分量

B. 仅有暂态分量

C. 既有稳态分量，又有暂态分量

2. 在换路瞬间，下列说法中正确的是（　　）。

A. 电感电流不能跃变　　B. 电感电压必然跃变　　C. 电容电流必然跃变

3. 工程上认为 $R=25\ \Omega$、$L=50\ \text{mH}$ 的串联电路中发生暂态过程时将持续（　　）。

A. 30～50 ms　　B. 37.5～62.5 ms　　C. 6～10 ms

4. 图 9－12 所示电路换路前已达稳态，在 $t=0$ 时断开开关 S，则该电路（　　）。

A. 电路有储能元件 L，要产生过渡过程

B. 电路有储能元件且发生换路，要产生过渡过程

C. 因为换路时元件 L 的电流储能不发生变化，所以该电路不产生过渡过程

5. 图 9－13 所示电路已达稳态，现增大 R 值，则该电路（　　）。

A. 因为发生换路，要产生过渡过程

B. 因为电容 C 的储能值没有变，所以不产生过渡过程

C. 因为有储能元件且发生换路，要产生过渡过程

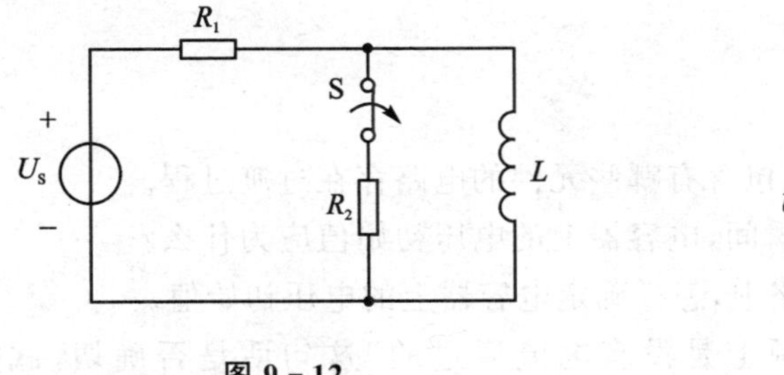

图 9－12

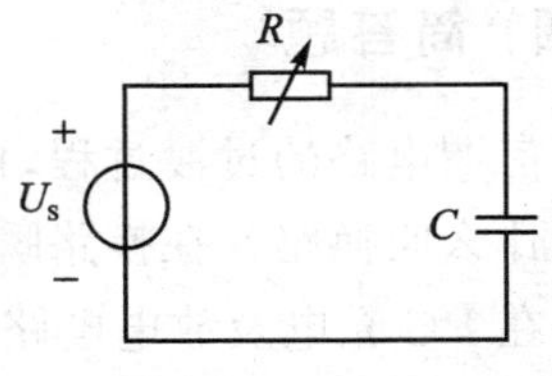

图 9－13

6. 图 9－14 所示电路在开关 S 断开之前电路已达稳态，若在 $t=0$ 时将开关 S 断开，则电路中 L 上通过的电流 $i_L(0_+)$ 为（　　）。

A. 2 A　　B. 0 A　　C. －2 A

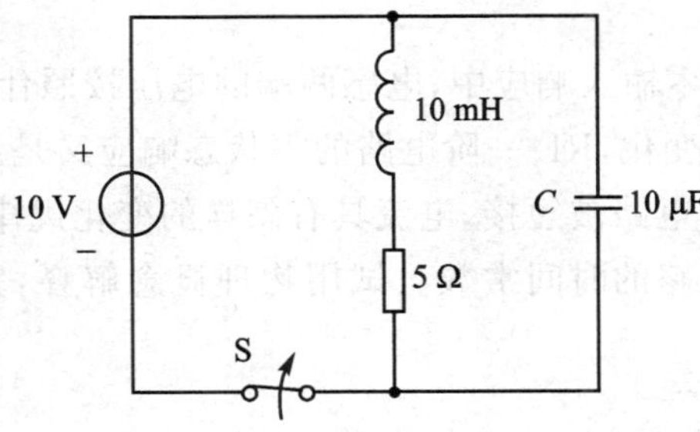

图 9－14

7. 图 9－14 所示电路，在开关 S 断开时，电容 C 两端的电压为（　　）。

A. 10 V　　B. 0 V　　C. 按指数规律增加

(三) 判断题

1. 换路定律指出:电感两端的电压是不能发生跃变的,只能连续变化。 ( )
2. 换路定律指出:电容两端的电压是不能发生跃变的,只能连续变化。 ( )
3. 单位阶跃函数除了在 $t=0$ 处不连续,其余都是连续的。 ( )
4. 一阶电路的全响应,等于其稳态分量和暂态分量之和。 ( )
5. 一阶电路中所有的初始值,都要根据换路定律进行求解。 ( )
6. RL 一阶电路的零状态响应,u_L 按指数规律上升,i_L 按指数规律衰减。 ( )
7. RC 一阶电路的零状态响应,u_C 按指数规律上升,i_C 按指数规律衰减。 ( )
8. RL 一阶电路的零输入响应,u_L 按指数规律衰减,i_L 按指数规律衰减。 ( )
9. RC 一阶电路的零输入响应,u_C 按指数规律上升,i_C 按指数规律衰减。 ( )

(四) 简答题

1. 何谓电路的过渡过程,包含有哪些元件的电路存在过渡过程。
2. 什么叫换路?在换路瞬间,电容器上的电压初始值应为什么?
3. 在 RC 充电及放电电路中,怎样确定电容器上的电压初始值。
4. "电容器接在直流电源上是没有电流通过的"这句话是否确切,试完整地说明。
5. RC 充电电路中,电容器两端的电压按照什么规律变化,充电电流又按什么规律变化,RC 放电电路的变化规律又是怎么样的。
6. RL 一阶电路与 RC 一阶电路的时间常数是否相同,其中的 R 是否指某一电阻。
7. RL 一阶电路的零输入响应中,电感两端的电压按照什么规律变化,电感中通过的电流又按什么规律变化,RL 一阶电路的零状态响应又是怎样。
8. 通有电流的 RL 电路被短接,电流具有怎样的变化规律。
9. 如何计算 RL 电路的时间常数。试用物理概念解释:为什么 L 越大、R 越小则时间常数越大。

(五) 分析计算题

1. 如图 9-15 所示电路原已稳定,$t=0$ 时将开关 S 打开,求 $i(0_+)$ 及 $u(0_+)$。
2. 在图 9-16 的电路中,电压和电流的表达式是

$$u = 400e^{-5t}\ \text{V}, \qquad t \geqslant 0_+$$

$$i = 10e^{-5t}\ \mathrm{A},\qquad t \geqslant 0$$

求：(1) R；(2) τ；(3) L；(4) 电感的初始储能。

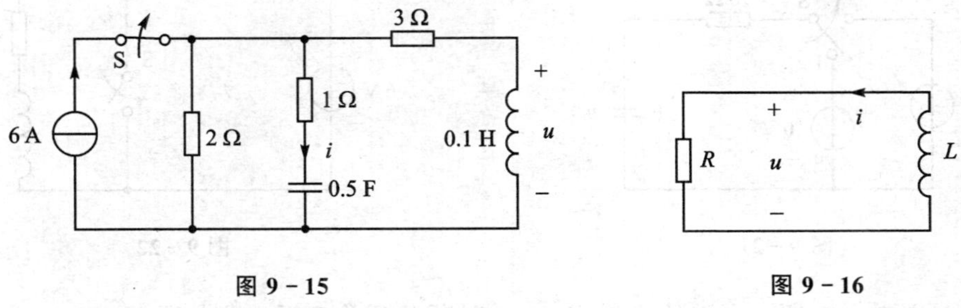

图 9－15　　　　图 9－16

3．电路如图 9－17 所示。开关 S 在 $t=0$ 时闭合，求 $i_L(0_+)$ 的值。

4．求图 9－18 所示电路中开关 S 在"1"和"2"位置时的时间常数。

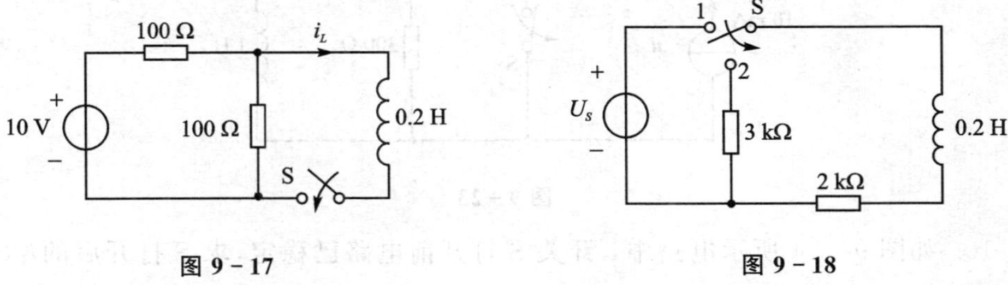

图 9－17　　　　图 9－18

5．如图 9－19 所示电路换路前已达稳态，在 $t=0$ 时将开关 S 断开，试求换路瞬间各支路电流及储能元件上的电压初始值。

6．图 9－20 所示电路中，直流电压源的电压 $U_S=50$ V，$R_1=R_2=5$ Ω，$R_3=20$ Ω，电路原已达稳态。在 $t=0$ 时将开关 S 打开。试求 $t=0_+$ 时的 i_L、i_c、u_L、u_c、u_{R2}。

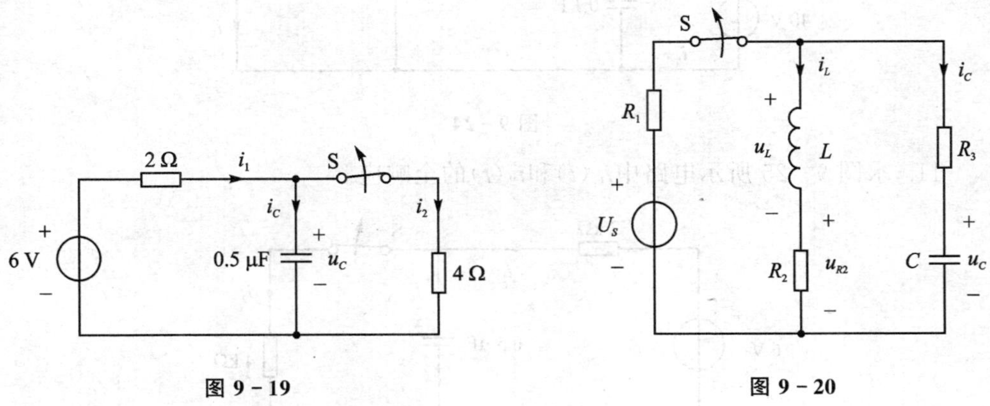

图 9－19　　　　图 9－20

7．图 9－21 所示电路中，开关 S 在 $t=0$ 时由 1 合向 2，电路原已处于稳态。试求 $t=0_+$ 时 u_C、i_C 为多少？

8. 图 9 - 22 所示电路换路前已处于稳态，试求换路后各电流的初始值。

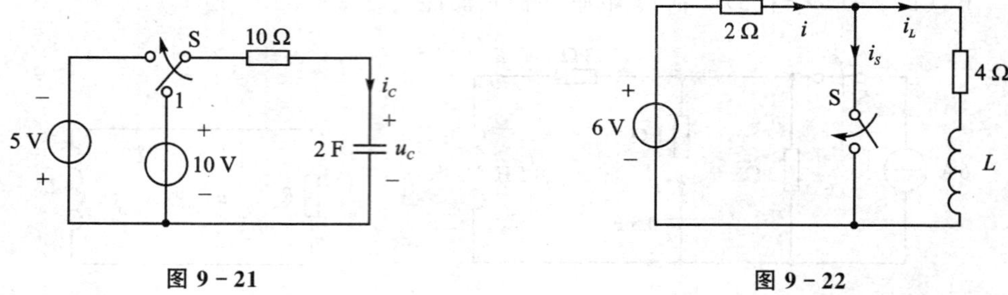

图 9 - 21　　　　图 9 - 22

9. 图 9 - 23 所示电路原已稳定，$t=0$ 时断开开关 S 后，求电压 $u(t)$。

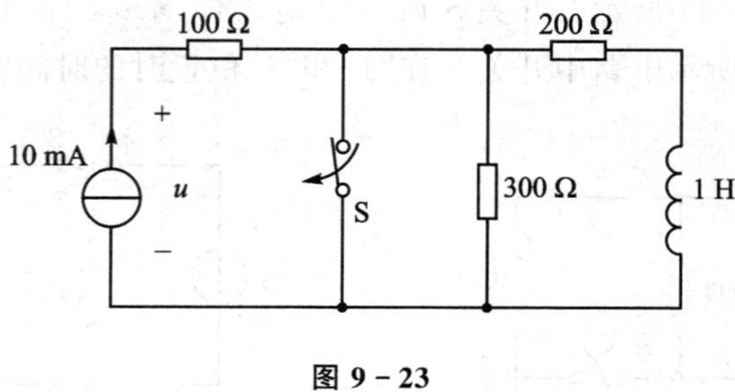

图 9 - 23

10. 如图 9 - 24 所示电路中，开关 S 打开前电路已稳定，求 S 打开后的$i_1(t)$、$i_L(t)$。

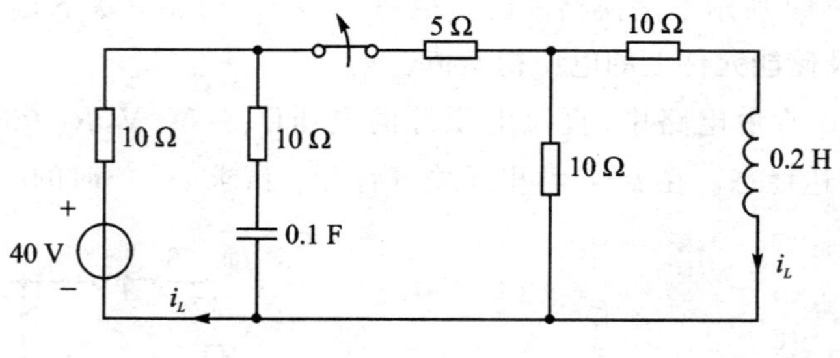

图 9 - 24

11. 求图 9 - 25 所示电路中$i_C(t)$和$i_2(t)$的全响应。

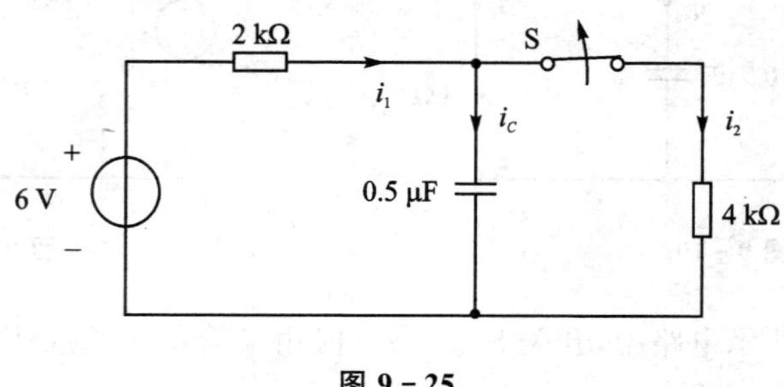

图 9 - 25

12. 图 9－26 所示电路中开关 S 闭合前已处于稳定状态。$t=0$ 时开关 S 闭合，已知：$U_S=40$ V，$I_S=5$ A，$R_1=R_2=R_3=20$ Ω，$L=2$ H；

1) 求 $t>0$ 时的电感电流 $i_L(t)$ 和电压 $u_L(t)$；

2) 做出电感电流 $i_L(t)$ 和电压 $u_L(t)$ 的变化曲线。

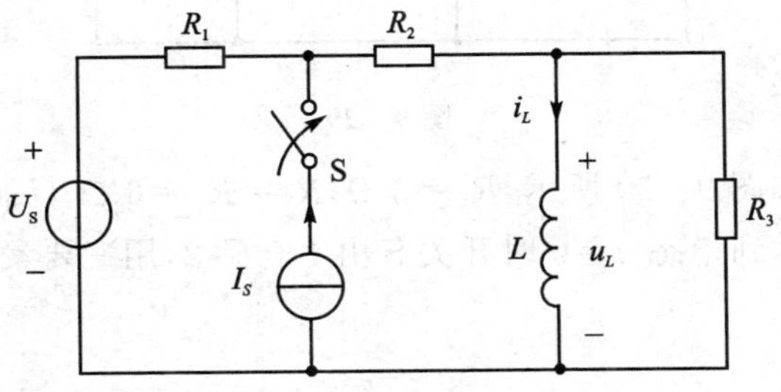

图 9－26

13. 图 9－27 所示电路中，开关 S 打开前电路已处于稳态。$t=0$ 开关 S 打开，求 $t\geqslant 0$ 时的 $i_L(t)$、$u_L(t)$ 和电压源提供的功率。

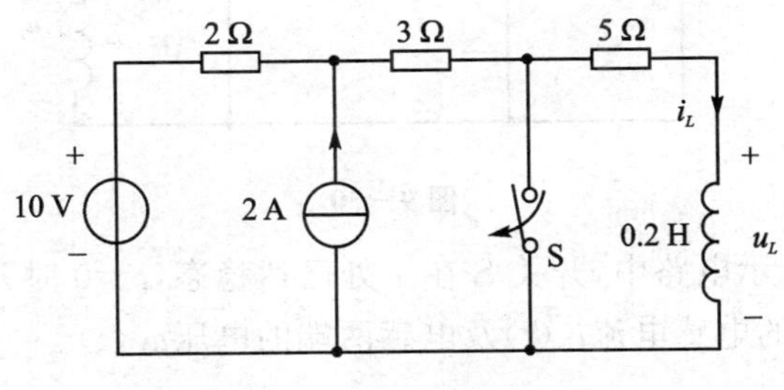

图 9－27

14. 图 9－28 所示电路，开关动作前电路已处于稳态，$t=0$ 时开关闭合。求 $t\geqslant 0$ 时的电感电流 $i_L(t)$ 及电流 $i(t)$ 。

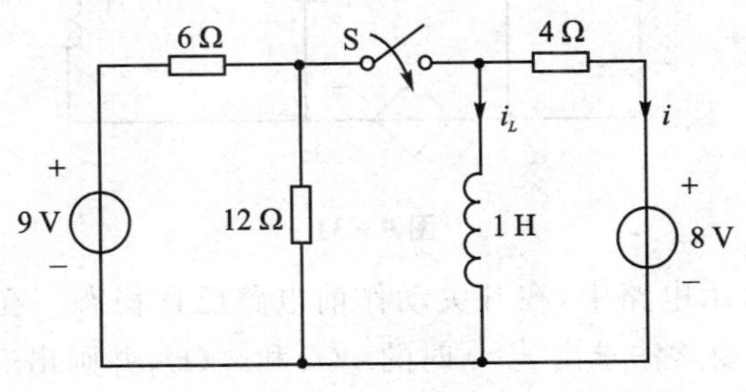

图 9－28

15. 图 9－29 所示电路，$t=0$ 时开关 S 闭合，已知 $I_S=5$ A，$R_1=R_2=10$ Ω，$R_3=5$ Ω，$C=250$ μF，开关闭合前电路已处于稳态。求 $t\geqslant 0$ 时的 $u_C(t)$、$i_C(t)$ 和 $i_3(t)$。

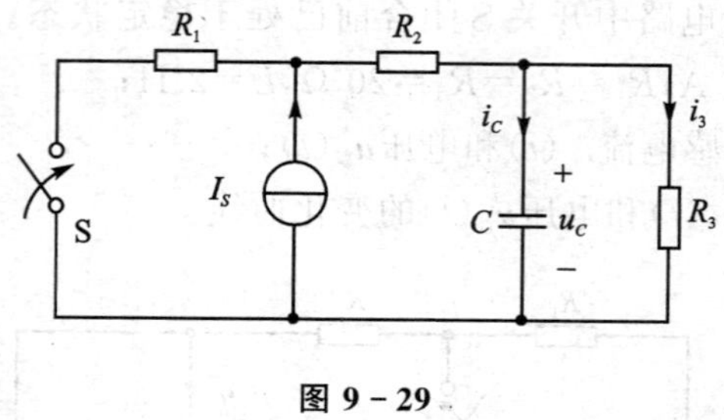

图 9-29

16. 已知电路如图 9-30 所示，$R_1=3\ \Omega$，$R_2=R_3=6\ \Omega$，$U_{S1}=12\ V$，$U_{S2}=6\ V$，$L=1\ H$，电路原已达到稳态，$t=0$ 时开关 S 由 1 合到 2，用三要素法求$i_L(t)$，并画出$i_L(t)$的波形。

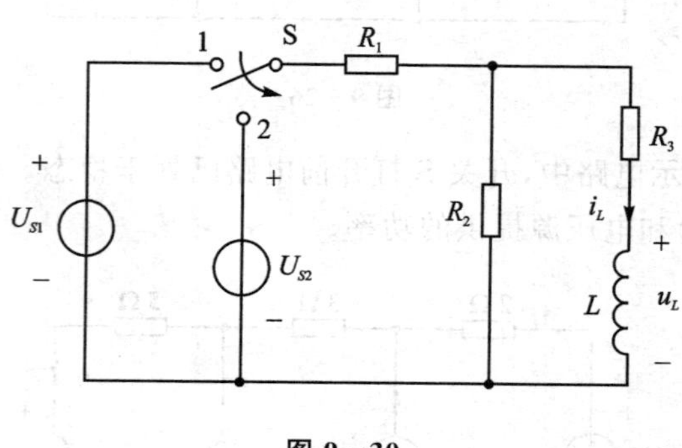

图 9-30

17. 图 9-31 所示电路中，开关 S 在 1 处已达稳态，$t=0$ 时开关由 1 转向 2。用三要素法求 $t\geqslant 0$ 时的电感电流$i_L(t)$及电感两端的电压$u_L(t)$。

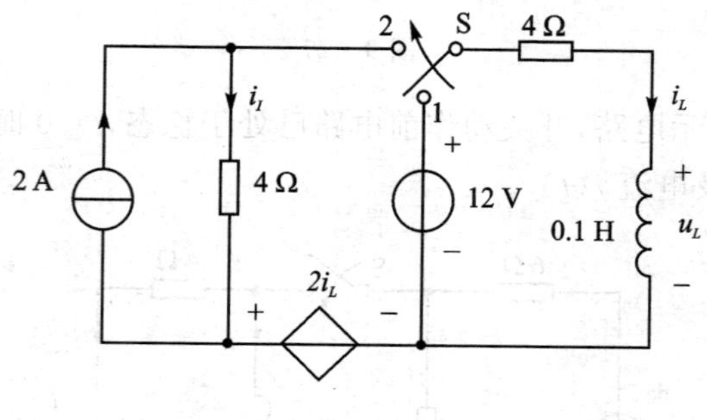

图 9-31

18. 图 9-32 所示电路中，在开关动作前电路已达稳态。在 $t=0$ 时开关 S_1 打开，S_2 闭合。试用三要素法求出 $t\geqslant 0$ 时的$i_L(t)$和$u_L(t)$，并画出$i_L(t)$的波形。

19. 图 9-33 所示电路在 $t=0$ 时开关 S 闭合，试求$u_C(t)$。

20. 图 9-34 所示电路中，$t=0$ 时开关 S 由 1 合向 2，换路前电路处于稳态，试求换路后$i_L(t)$和$u_L(t)$。

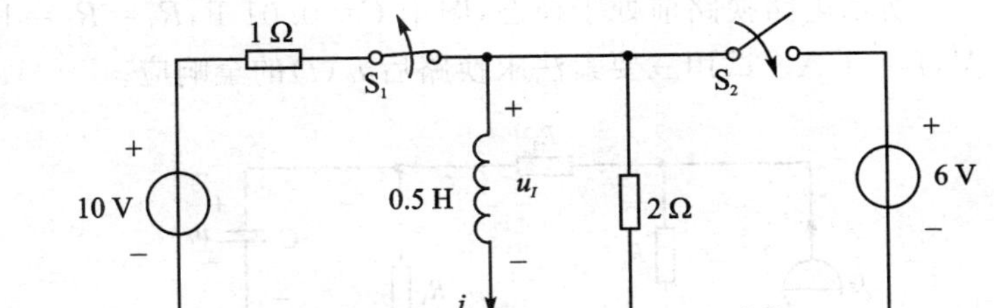

图 9－32

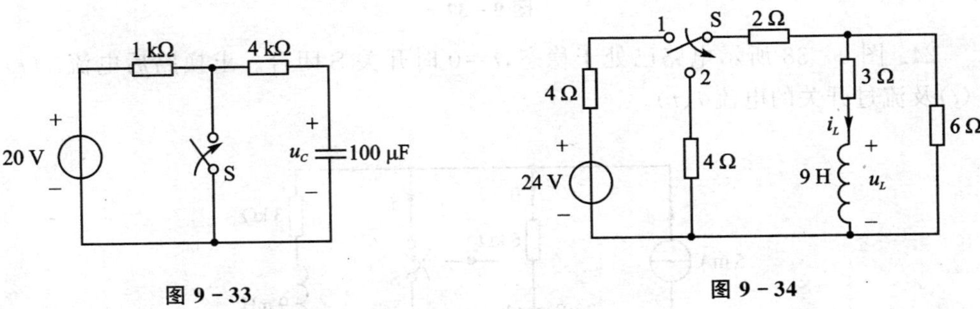

图 9－33　　图 9－34

21. 电路如图 9－35 所示，$t=0$ 时刻开关 S 打开。求零状态响应$u_C(t)$和$u_0(t)$

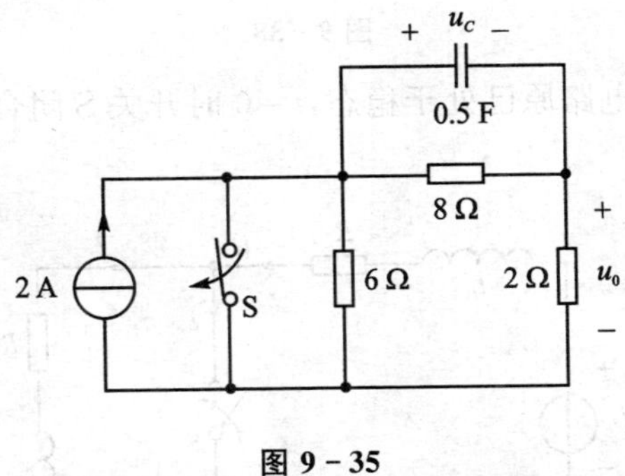

图 9－35

22. 如图 9－36 所示电路，$t=0$ 时刻开关 S 闭合，换路前电路已处于稳态。求换路后$u_C(t)$和$i_C(t)$。

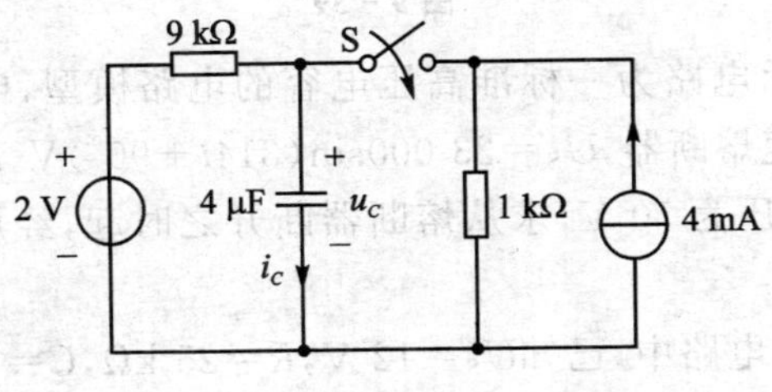

图 9－36

23. 图 9-37 所示电路换路前处于稳态，图中 $C=0.01$ F，$R_1=R_2=10$ Ω，$R_3=20$ Ω，$U_S=10$ V，$I_S=1$ A。试用三要素法求换路后$u_C(t)$的全响应。

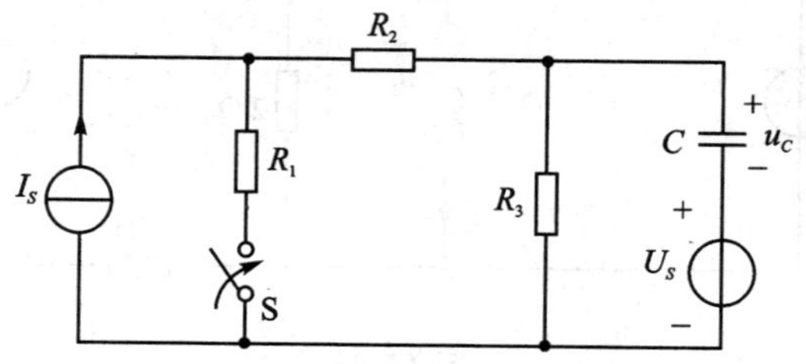

图 9-37

24. 图 9-38 所示电路已处于稳态，$t=0$ 时开关 S 闭合。求换路后电流$i_1(t)$、$i_2(t)$及流过开关的电流 $i(t)$。

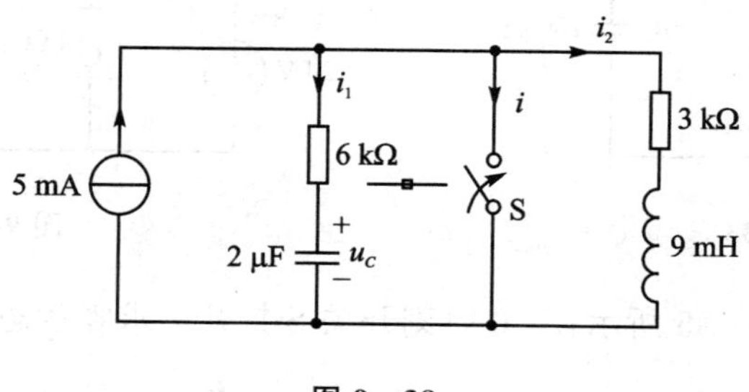

图 9-38

25. 图 9-39 所示电路原已处于稳态，$t=0$ 时开关 S 闭合。求$i_1(t)$、$i_2(t)$及流经开关的电流 $i(t)$。

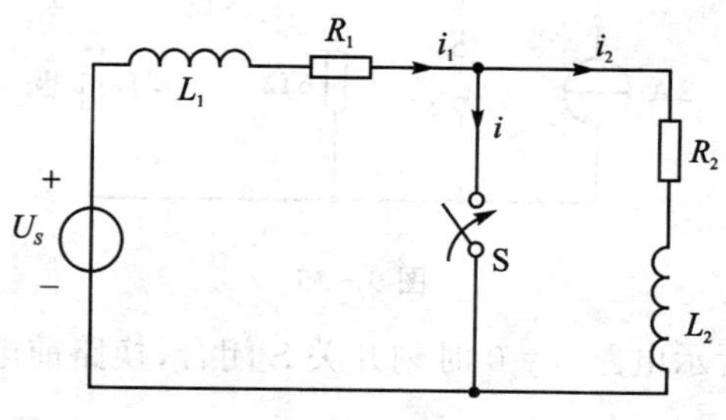

图 9-39

26. 图 9-40 所示电路为一标准高压电容的电路模型，电容 $C=2$ μF，漏电阻 $R=10$ kΩ。FA 为快速熔断器，$U_S=23\ 000\sin(314t+90^\circ)$ V，$t=0$ 时熔断器烧断(瞬间断开)。假设安全电压为 50 V，求从熔断器断开之时起，经历多长时间后，人手触及电容器两端才安全。

27. 图 9-41 所示电路中，已知$U_S=12$ V，$R=25$ kΩ，$C=10$ μF。开关 S 在 $t=0$ 时闭合，换路前电容未充过电。求换路后的电容电压$u_C(t)$及电流 $i(t)$，并定性地画出$u_C(t)$及 $i(t)$的波形。求充电完成后电容储存的能量W_C及电阻消耗的能量W_R。

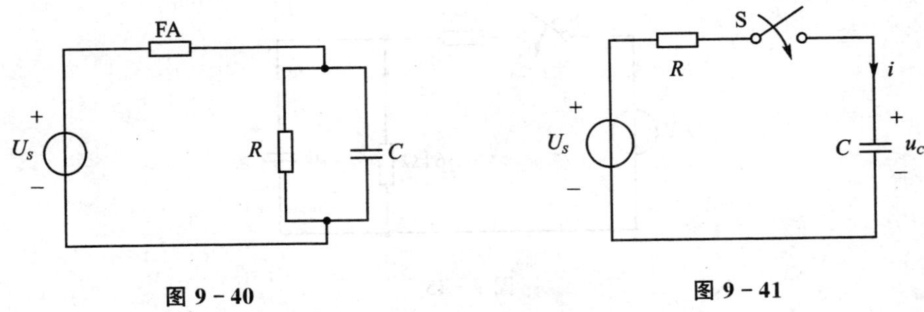

图 9 - 40　　　　图 9 - 41

28. 试求图 9 - 42 所示电路的时间常数 τ。

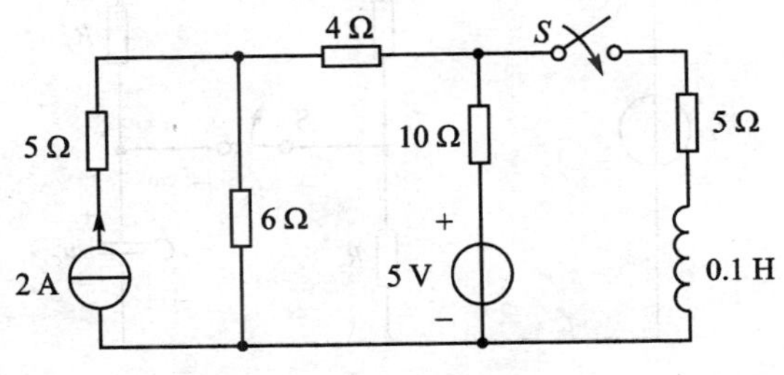

图 9 - 42

29. 电路如图 9 - 43 所示，开关 S 闭合前电路已处于稳态，在 $t=0$ 时开关闭合，求换路后 $i_L(t)$ 和 $i(t)$。

30. 电路如图 9 - 44(a)所示，$u_C(t)$ 的波形如图 9 - 44(b)所示。已知 $C=2\ \mu\text{F}$，$R_2=2\ \text{k}\Omega$，$R_3=6\ \text{k}\Omega$。试求 R_1 及电容电压的初始值 U_0。

31. 电路如图 9 - 45 所示，$t=0$ 时开关 S 闭合，$u_c(0_-)=0$。求换路后的 $u_C(t)$、$i_C(t)$ 和 $i(t)$。

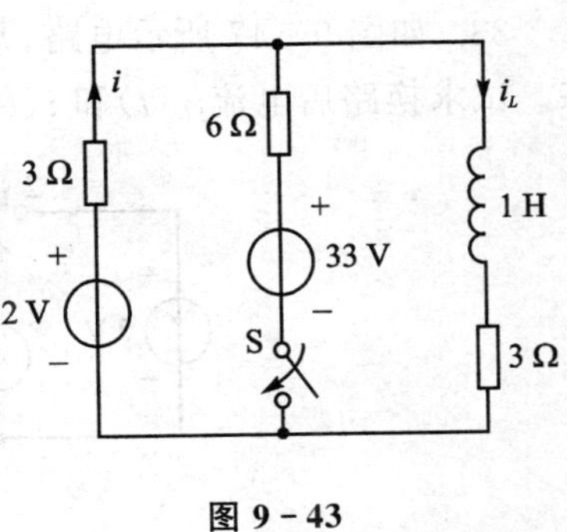

图 9 - 43

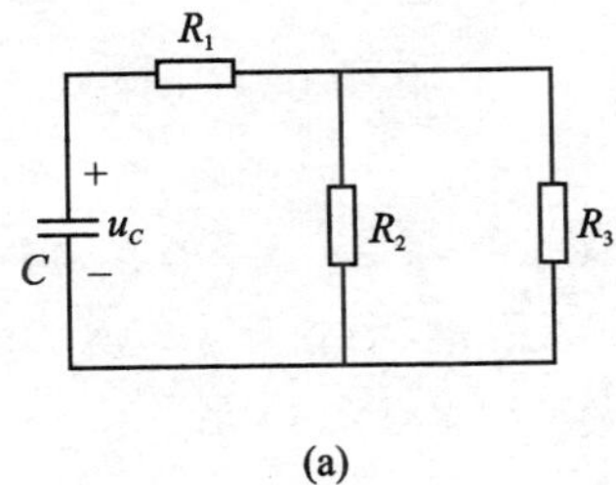

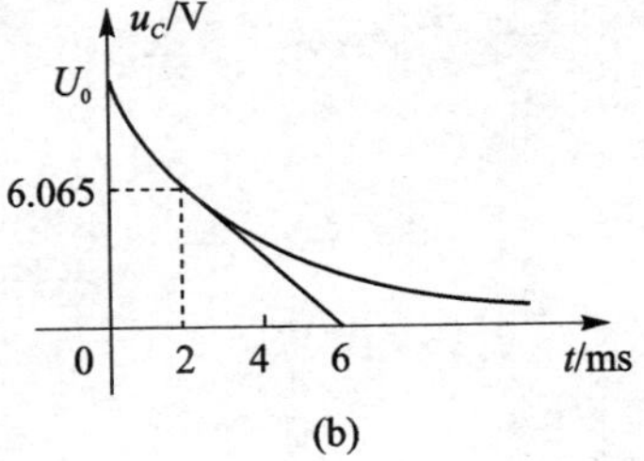

(a)　　　　(b)

图 9 - 44

32. 如图 9 - 46 所示的电路换路前已处于稳定。已知 $U_S=150\ \text{V}$，$R_1=R_3=100\ \Omega$，$R_2=50\ \Omega$，$C=12.5\ \mu\text{F}$。试求换路后的 $u_C(t)$ 和开关 S 两端的电压 $u_K(t)$。

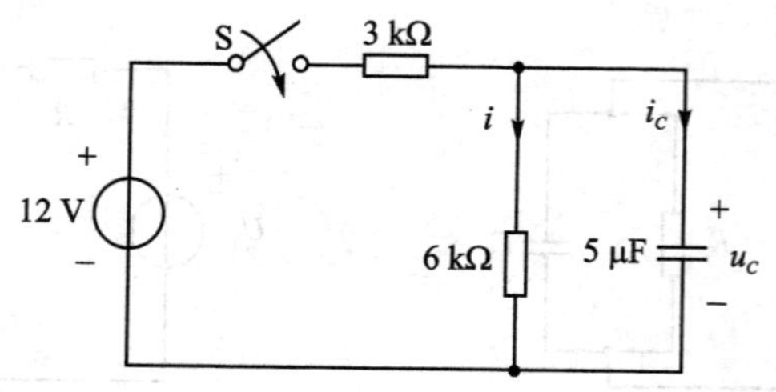

图 9-45

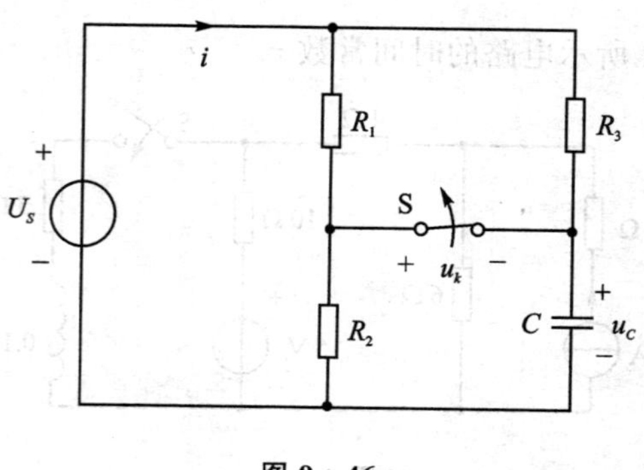

图 9-46

33. 如图 9-47 所示电路，开关 S 在 $t=0$ 时由 1 合向 2，换路前电路已处于稳态。试求换路后电流 $i_L(t)$ 和 $i(t)$。

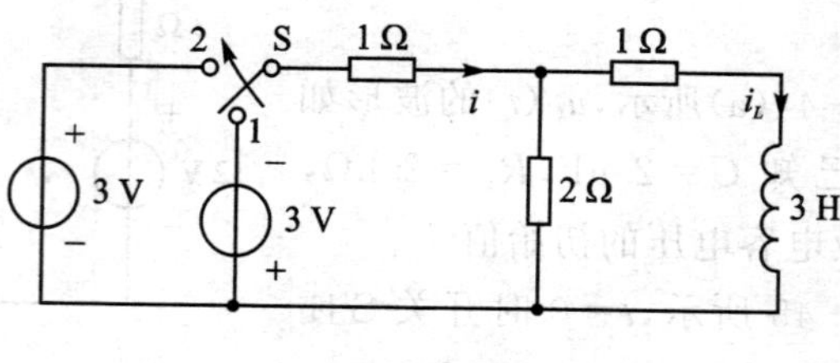

图 9-47

第10章 综合练习

(一) 填空题

1. 基尔霍夫定律包括________和________定律。

2. 电阻的连接形式也是多样的，其中最简单的也是最常用的就是________和________。

3. 正弦量的三要素分别是________、________和初相位。

4. 若三相电源星形连接，相电压为220 V，则线电压为________V。

5. 一阶电路的三要素法分别求的是________值、________值和时间常数。

6. 在RLC串联电路中，电路发生串联谐振时对应的谐振频率 f_0=________。

7. 电路的三个组成部分是________、________和转换环节。

8. 运用复数分析电路的方法称为________。

9. 三相电源有________连接和________连接两种形式。

10. 正弦量的三要素分别是________、角频率和________。

11. 在RLC并联电路中，电路发生并联谐振时对应的谐振频率 f_0=________。

12. ________是实际电路的理想化表示。

13. 正弦量的三要素分别是最大值、________和________。

14. 一阶电路的三要素法分别要求的是初始值、________值和________。

15. 在电子设备、电力电子、传输电网等电路中，经常遇到________形和________形连接的电路结构。

16. 电路中常遇到两类电源分别是________和________。

17. 电路的基本变量是________、________功率和能量。

18. 一阶电路的三要素法分别要求的是________值、稳态值和________。

19. 正弦量的三要素分别是________、角频率和________。

20. 一般而言，对于有 n 个节点和 b 条支路的电路，其独立的KCL方程为________个，有________个独立的KVL方程。

21. 在三相供电系统中，三相负载________形和________形两种连接形式。

22. 实际电压源是由________和________串联而成。

23. 根据最大功率传输定理，当满足________时，负载获得功率最大，其最大功率值为________。

24. 实际电流源是由________和________并联而成。

25. 若 $p>0$，表明电路此时________功率，若 $p<0$，表明电路此时________

功率。

26. 串联谐振又称为________谐振,并联谐振又称为________谐振。

27. 当 $X_L > X_C$ 时,电路呈________,当 $X_L < X_C$ 时,电路呈________。

(二) 判断题

1. 若电源产生的电压是大小和方向都不随时间变化的,则称为直流(direct current, DC)电源。 ( )

2. 电源的数值大小是受电路中某一支路的电压或电流控制的,这类电源称为受控源(controlled source),或称非独立电源。 ( )

3. 支路电流法以电路中各支路电流为求解变量的方法。 ( )

4. 叠加定理适用于线性电路,也适用于非线性电路。 ( )

5. 两个同频率的正弦函数的和或差其结果也是同频率的正弦函数。 ( )

6. 三相发电机产生的三相电源其大小相等、频率相同,但相位互差 120°。 ( )

7. 理想变压器有三个重要特性:变换电压、变换电流和变换阻抗。 ( )

8. 滤波器的种类很多,如按通频带的位置来划分只可分为低通滤波器、高通滤波器。 ( )

9. 换路定律描述了电容电压和电感电流,通常不能发生跃变,即电容电压和电感电流的 0^+ 起始值等于 0^- 初始状态。 ( )

10. RLC 串联电路发生谐振时,电路呈电阻性,阻抗最小,电流最大。 ( )

11. 品质因数越高,电路的通频带越窄,选择信号的能力越强。 ( )

12. 电路的频率特性一般由幅频特性和相频特性共同确定。 ( )

13. 仅由电源激励引起的响应称为零状态响应(zero-state response)。 ( )

14. 在电网配电过程中,远距离交流输电时只使用降压变压器。 ( )

15. 耦合电感元件是通过磁耦合来传递能量的。 ( )

16. 若电源产生的是大小和方向均变化的交流(alternate current, AC),则称为交流电源。 ( )

17. 受控源只可分为:电流控制电压源和电流控制电流源。 ( )

18. 网孔电流法以假设的网孔电流为求解变量的方法,联立独立的 KVL 方程求解。 ( )

19. 戴维南定理和诺顿定理,它们合称为等效电源定理。 ( )

20. 两同频率的正弦量之和频率不变,仅改变了振幅和初相。 ( )

21. 如果在一个周期内对瞬时功率取平均值,则称为平均功率或有功功率。 ( )

22. 三相电压是由三相交流发电机产生的。 ( )

23. 耦合电感元件是通过磁耦合来传递能量的。 ( )

24. 电路的频率特性一般由幅频特性和相频特性共同确定。　　　　　(　　)

25. 一阶电路三要素法求电路响应的公式是 $y(t)=y(\infty)+[y(0_+)-y(\infty)]e^{-\frac{t}{\tau}}$。　　　　　(　　)

26. 所谓零输入响应(zero-input response)是指动态电路在没有外加激励的条件下,仅由电路初始状态产生的响应。　　　　　(　　)

27. 叠加定理适既可以计算电压、电流又可以计算功率。　　　　　(　　)

28. 规定正电荷定向移动的方向为电流方向。　　　　　(　　)

29. 串联谐振又称为电流谐振,并联谐振又称为电压谐振。　　　　　(　　)

30. 若选取电流的方向从电压的正端经过元件本身流向负端,则称关联参考方向。　　　　　(　　)

31. 受控源只可分为:电压控制电流源和电流控制电压源。　　　　　(　　)

32. 节点电压法以独立的节点电压为求解变量的方法,联立独立的 KCL 方程求解。　　　　　(　　)

33. 任何一个线性有源二端网络 N,对其外部而言,都可以等效成一个诺顿电源。　　　　　(　　)

34. 在电路中,通常把电流的振幅(或有效值)与其初相角构成的一个复数称为电流相量。　　　　　(　　)

35. 不论三相对称负载是星形连接还是三角形连接,总能得到用线电压和线电流表示的三相功率表达 $P=\sqrt{3}U_{\mathrm{L}}I_{\mathrm{L}}\cos\varphi$。　　　　　(　　)

36. 互感电压的正、负取决于电流方向和同名端的位置。　　　　　(　　)

37. 滤波器的种类很多,如按通频带的位置来划分可分为低通滤波器、高通滤波器、带通滤波器和带阻滤波器。　　　　　(　　)

38. 电路的电压 u 与电流 i 参考方向一致,为关联参考方向。　　　　　(　　)

39. 受控源只可分为:电压控制电压源和电流控制电流源。　　　　　(　　)

40. 网孔电流法以假设的网孔电流为求解变量的方法,联立独立的 KVL 方程求解。　　　　　(　　)

41. 当 $RL=RS$ 时负载获得的功率最大。功率的最大值为 $P_{\max}=\frac{U_{\mathrm{S}}^2}{4R_{\mathrm{L}}}=\frac{U_{\mathrm{S}}^2}{4R_{\mathrm{S}}}$。　　　　　(　　)

42. 电感 L 中电流 i 和电压 u 的相位差为 90°,即电压超前电流 90°。　　　　　(　　)

43. 对于三相四线制的星形连接电路,常采用三只单相瓦特表进行测量,这种测量方法叫做三瓦计法或者三表法。　　　　　(　　)

44. 全响应=暂态响应+稳态响应。　　　　　(　　)

45. 滤波器的种类很多,如按通频带的位置来划分只可分为带通滤波器和带阻滤波器。　　　　　(　　)

46. 电压 u 与电流 i 参考方向不一致,称为非关联参考方向。　　　　　(　　)

47. 受控源只可分为：电压控制电压源、电压控制电流源。 (　　)

48. 节点电压法以独立的节点电压为求解变量的方法，联立独立的 KCL 方程求解。 (　　)

49. 叠加定理只适用于线性电路，它是线性电路最本质的特性。 (　　)

50. 在正弦稳态分析中，只要将电路中每个元件用相量模型代替，就可得到一个相量域中的电路，再根据 KCL 或 KVL 的相量形式，就可以得到复数代数方程。这种方法称为相量法。 (　　)

51. 在三相供电系统中，三相负载也有星形和三角形两种连接形式。 (　　)

52. 在电子线路中，如放大器等为了避免前级电路和后级电路的相互影响，可以使用变压器作为隔离器。 (　　)

53. 如果在一个周期内对瞬时功率取平均值，则称为平均功率或有功功率。 (　　)

54. 滤波器的种类很多，如按通频带的位置来划分只可分为低通滤波器、高通滤波器、带通滤波器。 (　　)

(三) 选择题

1. 图中电流和电压是关联参考方向的是(　　)。

A. 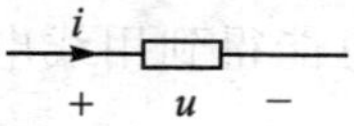

B. 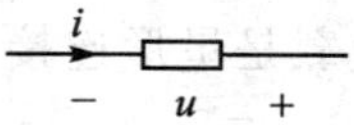

C. 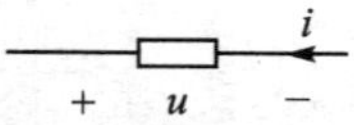

D. 无正确答案

2. 应用叠加定理时，理想电压源不作用(为零)时视为(　　)。

A. 短路　　B. 开路　　C. 电阻　　D. 理想电压源

3. 一段有源电路如图 10-1 所示，A、B 两端的电压 U_{AB} 为(　　)。

A. $U_{AB}=E-RI$　　B. $U_{AB}=E+RI$

C. $U_{AB}=-E+RI$　　D. $U_{AB}=-E-RI$

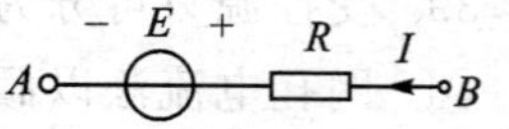

图 10-1

4. 在正弦交流电路中提高感性负载功率因数的方法是(　　)。

A. 负载串联电阻　　B. 负载串联电容

C. 负载并联电感　　D. 负载并联电容

5. 正弦电压 $u(t)=\sqrt{2}U\sin(\omega t+\theta_u)$ 对应的有效值相量形式为(　　)。

A. $U=U\angle\theta_u$　　B. $\dot{U}=U\angle\theta_u$　　C. $U=\sqrt{2}U\angle\theta_u$　　D. $\dot{U}=\sqrt{2}U\angle\theta_u$

6. 三相对称电源星形连接，相、线电压的关系为(　　)。

A. 线电压是相电压的$\sqrt{3}$倍，且线电压滞后对应相电压 30°

B. 相电压是线电压的$\dfrac{1}{\sqrt{3}}$倍，且相电压滞后对应线电压 30°

C. 线电压是相电压的$\sqrt{2}$倍，且线电压滞后对应相电压 30°

D. 相电压是线电压的$\frac{1}{\sqrt{2}}$倍，且相电压滞后对应线电压 30°

7. 电路如图 10－2 所示，R_{ab}＝(　　)。

A. 200 Ω　　B. 150 Ω　　C. 100 Ω　　D. 50 Ω

8. 电路中的储能元件是指(　　)。

A. 电阻元件、电感元件　　B. 电压源、电流源

C. 电容元件、电阻元件　　D. 电感元件、电容元件

9. 如图 10－3 所示电路，当开关闭合时，电位 V_a＝(　　)。

A. 0 V　　B. 4 V　　C. 6 V　　D. 10 V

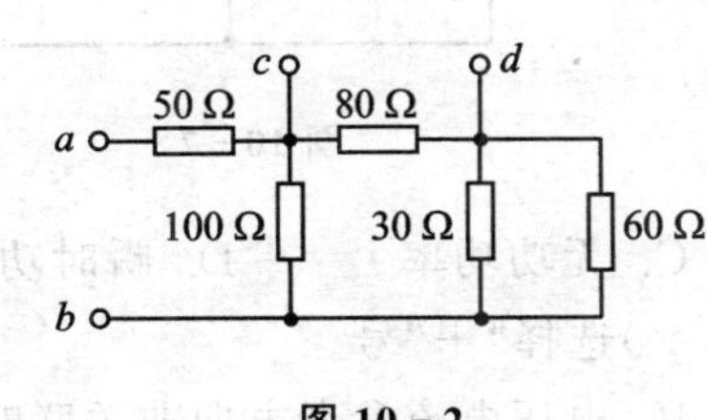

图 10－2

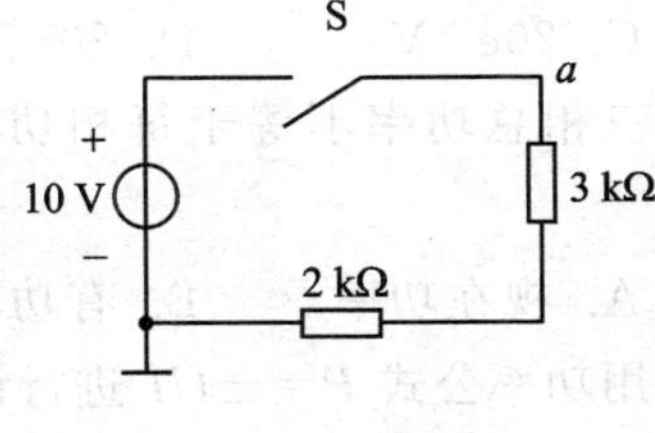

图 10－3

10. 电路如图 10－4 所示，换路前电路已处于稳态，t＝0 时开关 S 打开，求时间常数为(　　)。

A. 1 s　　B. 2 s

C. 3 s　　D. 4 s

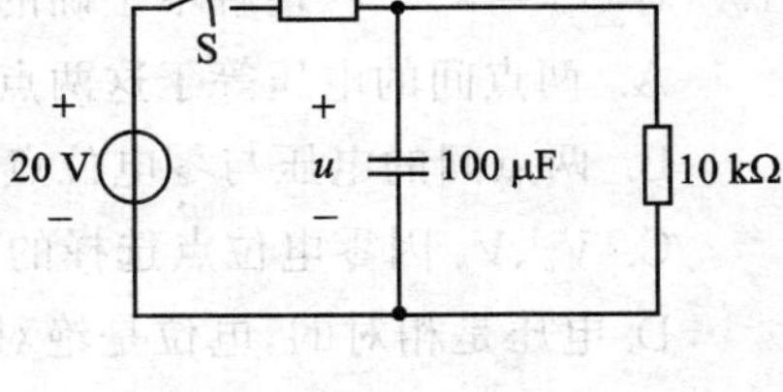

图 10－4

11. 用吸收功率公式 $P=\pm UI$ 进行计算时，(　　)选择“－”号。

A. 电压电流参考方向关联时　　B. 电压电流参考方向非关联时

C. 与电压电流参考方向无关　　D. 以上说法都不对

12. 在纯电阻电路中，下列各式正确的是(　　)。

A. $i=U/R$　　B. $I=U/R$　　C. $\dot{I}m=\dot{U}/R$　　D. $\dot{I}=\dot{U}m/R$

13. 如图 10－5 所示电路的等效电阻 R＝(　　)。

A. 1 000 Ω　　B. 500 Ω　　C. 250 Ω　　D. 0 Ω

14. 如图 10－6 所示，电流表 A_2、A_3 的读数分别是 1 A，2 A，则 A_1 的读数应为(　　)

A. 3 A　　B. 1 A　　C. 2 A　　D. 2.236 A

15. 电阻可以忽略不计，电感为 10 mH 的线圈，接在 220 V，5 kHz 的交流电源上，线圈的感抗是(　　)。

A. 50 Ω　　B. 300 Ω　　C. 314 Ω　　D. 100 Ω

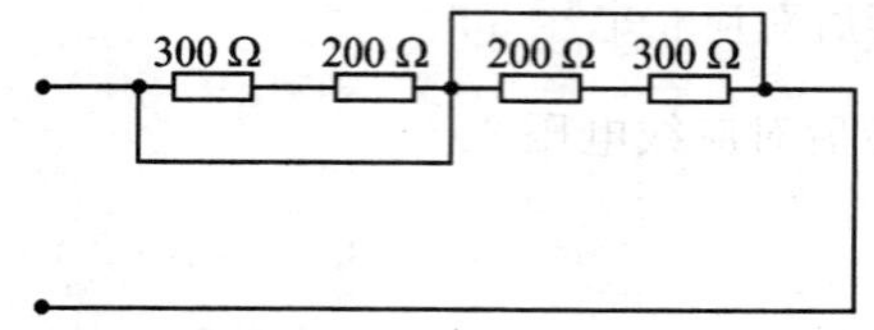

图 10－5

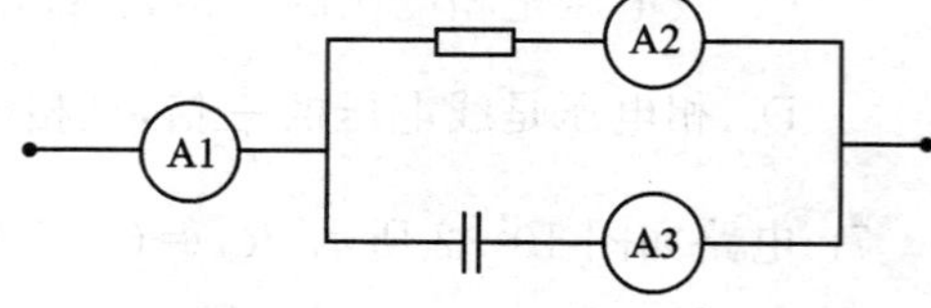

图 10－6

16. 电路如图 10－7 所示，换路前电路已处于稳态，$t=0$ 时开关 S 打开，对于 $t\geqslant 0$ 的所有时间，电压 $u=$(　　)。

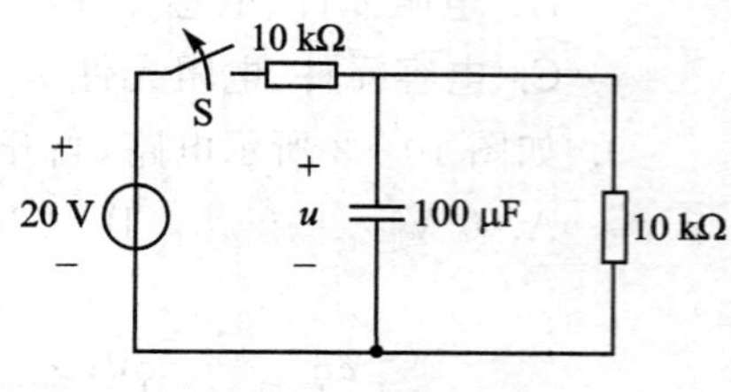

图 10－7

A. $10e^{-t}$ V　　B. $10e^{-2t}$ V

C. $20e^{-t}$ V　　D. $20e^{-2t}$ V

17. 三相总功率不等于每相功率之和的是(　　)。

A. 视在功率　　B. 有功功率　　C. 无功功率　　D. 瞬时功率

18. 用功率公式 $P=\pm UI$ 进行计算时，(　　)选择"＋"号。

A. 电压电流参考方向关联时　　B. 电压电流参考方向非关联时

C. 与电压电流参考方向无关　　D. 以上说法都不对

19. 对 $U_{ab}=V_a-V_b$ 理解不正确的是(　　).

A. 两点间的电压等于这两点的电位之差

B. 两点间的电压与零电位点的选择无关

C. V_a、V_b 因零电位点选择的不同而不同，但两点间的电压不变

D. 电压是相对的，电位是绝对的

20. 两个正弦量 u_1，u_2 相位分别是 $\omega_1 t+\Phi_1$ 和 $\omega_2 t+\Phi_2$，如果 $\Phi_1>\Phi_2$，则(　　)。

A. u_1，u_2 同相　　B. u_1 超前 u_2　　C. u_1 滞后 u_2　　D. 以上都不对

21. 下列关于换路定律的数学表达式(　　)是正确的。

A. $i_C(0_-)=i_C(0_+)$　　B. $u_C(0_-)=u_C(0_+)$

C. $W_C(0_-)=W_C(0_+)$　　D. 无正确答案

22. 下列计算 RL 动态电路的时间常数的公式(　　)是正确的。

A. $\tau=R/L$　　B. $\tau=L/R$　　C. $\tau=RL$　　D. 无正确答案

23. 电路如图 10－8 所示，当开关打开时，电位 $V_a=$(　　)

A. 0 V　　B. 4 V　　C. 6 V　　D. 10 V

24. 电路如图 10－9 所示，则 $R_{ab}=$(　　)。

A. 3 Ω　　B. 2 Ω　　C. 4 Ω　　D. 6 Ω

25. △形连接的三个电阻相同，等效为 Y 形的三个电阻也相等，它们的关系为(　　)。

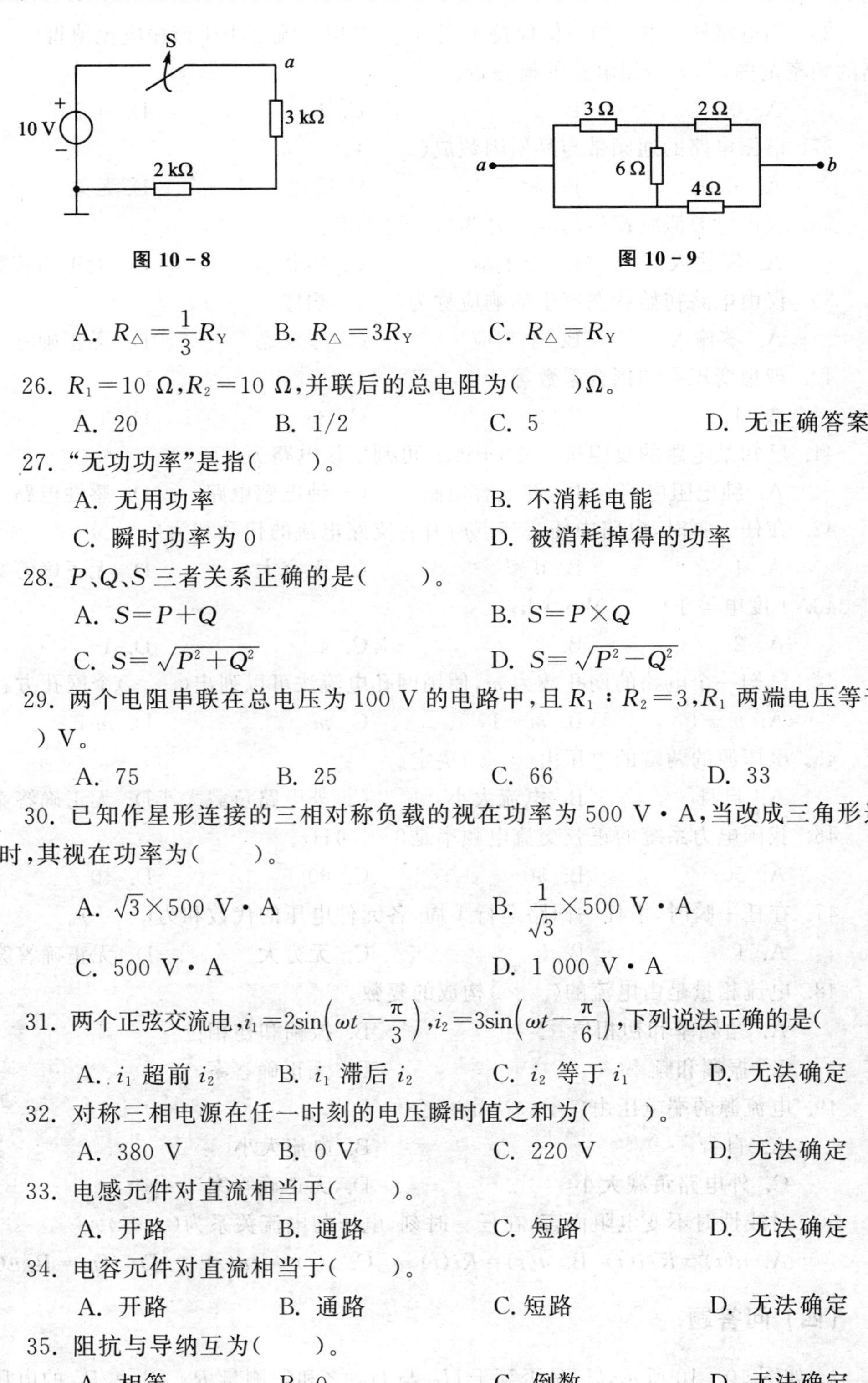

图 10－8　　　　图 10－9

A. $R_{\triangle}=\frac{1}{3}R_{Y}$　　B. $R_{\triangle}=3R_{Y}$　　C. $R_{\triangle}=R_{Y}$

26. $R_1=10\ \Omega$，$R_2=10\ \Omega$，并联后的总电阻为(　　)Ω。

A. 20　　B. 1/2　　C. 5　　D. 无正确答案

27. “无功功率”是指(　　)。

A. 无用功率　　B. 不消耗电能

C. 瞬时功率为 0　　D. 被消耗掉得的功率

28. P、Q、S 三者关系正确的是(　　)。

A. $S=P+Q$　　B. $S=P\times Q$

C. $S=\sqrt{P^2+Q^2}$　　D. $S=\sqrt{P^2-Q^2}$

29. 两个电阻串联在总电压为 100 V 的电路中，且 $R_1:R_2=3$，R_1 两端电压等于(　　)V。

A. 75　　B. 25　　C. 66　　D. 33

30. 已知作星形连接的三相对称负载的视在功率为 500 V·A，当改成三角形连接时，其视在功率为(　　)。

A. $\sqrt{3}\times500$ V·A　　B. $\frac{1}{\sqrt{3}}\times500$ V·A

C. 500 V·A　　D. 1 000 V·A

31. 两个正弦交流电，$i_1=2\sin\left(\omega t-\frac{\pi}{3}\right)$，$i_2=3\sin\left(\omega t-\frac{\pi}{6}\right)$，下列说法正确的是(　　)。

A. i_1 超前 i_2　　B. i_1 滞后 i_2　　C. i_2 等于 i_1　　D. 无法确定

32. 对称三相电源在任一时刻的电压瞬时值之和为(　　)。

A. 380 V　　B. 0 V　　C. 220 V　　D. 无法确定

33. 电感元件对直流相当于(　　)。

A. 开路　　B. 通路　　C. 短路　　D. 无法确定

34. 电容元件对直流相当于(　　)。

A. 开路　　B. 通路　　C. 短路　　D. 无法确定

35. 阻抗与导纳互为(　　)。

A. 相等　　B. 0　　C. 倒数　　D. 无法确定

36. 当电路外加电压的幅值保持不变时，电路中电流不小于谐振电流值得(　　)倍的频率范围，称为谐振电路的通频带。

A. 0　　B. 1　　C. 1.414　　D. 0.707

37. 谐振电路的通频带与品质因数成(　　)。

A. 正比　　B. 相等　　C. 反比　　D. 无关

38. 仅由电源激励产生的响应称为(　　)响应。

A. 零输入　　B. 全响应　　C. 零状态　　D. 无正确答案

39. 仅由电路初始状态产生的响应称为(　　)响应。

A. 零输入　　B. 全响应　　C. 零状态　　D. 无正确答案

40. 理想变压器的耦合系数等于(　　)。

A. 1　　B. 2　　C. 3　　D. 0.5

41. 已知某电路的复阻抗 $Z=3+\mathrm{j}4\Omega$，可判别该电路为(　　)。

A. 纯电阻电路　　B. 纯电容电路　　C. 纯电感电路　　D. 感性电路

42. 在任一瞬时，电路中任一节点所有各支路电流的代数和为(　　)。

A. 1　　B. 0　　C. 无穷大　　D. 无正确答案

43. 1 度电等于(　　)kw・h。

A. 2　　B. 3　　C. 4　　D. 1

44. 已知一个电路的网孔数为 m，使用网孔电流法可以列出(　　)个网孔方程。

A. $m+1$　　B. $m-1$　　C. m　　D. $m+2$

45. 电压源的两端的电压由(　　)决定。

A. 自身　　B. 电流大小　　C. 外电路负载大小　　D. 无正确答案

46. 我国电力系统的正弦交流电频率是(　　)Hz。

A. 50　　B. 30　　C. 60　　D. 40

47. 在任一瞬时，沿任一回路巡行 1 周，各元件电压的代数和为(　　)。

A. 1　　B. 0　　C. 无穷大　　D. 无正确答案

48. 电流相量是由电流的(　　)构成的复数。

A. 角频率和初相位　　B. 振幅和初相位

C. 振幅和频率　　D. 无正确答案

49. 电流源的端电压由(　　)决定。

A. 自身　　B. 电流大小

C. 外电路负载大小　　D. 无正确答案

50. 对线性时不变电阻而言，在任一时刻，电压与电流关系为(　　)。

A. $u(t)=R/i(t)$　　B. $u(t)=Ri(t)$　　C. $i(t)=Ru(t)$　　D. $i(t)=R/u(t)$

(四) 问答题

1. 如图 10-10 所示，U_{ac} 是否等于 U_{R_2} 与 U_{R_3} 之和？测量 R_1、R_2 和 R_3 的电压，

三者之和等于多少？

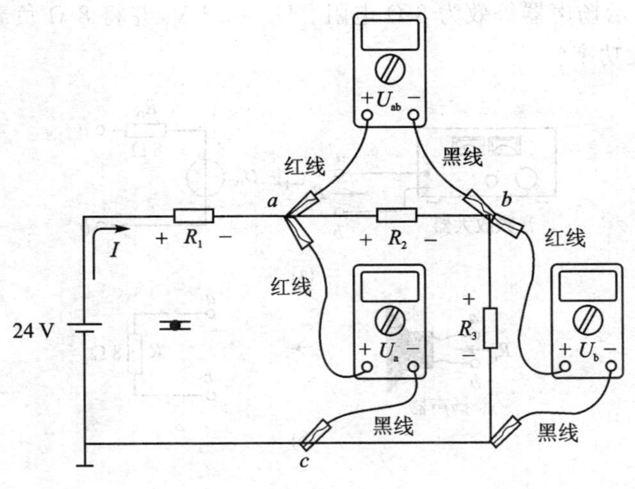

图 10 - 10

2. 如图 10 - 11(a)所示为手持式吹风机的原理图。设导热丝的电阻为 0，问控制键在图 10 - 11(b)所示高挡时，电路的总电阻为多少？当控制键在图 10 - 11(c)所示中挡时，电路的总电阻又为多少？

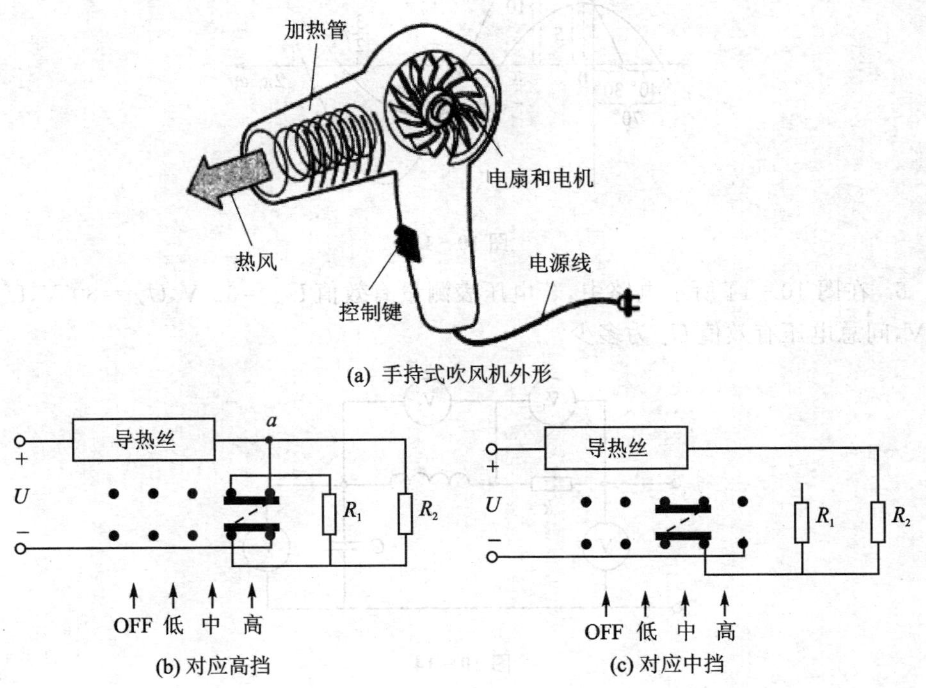

图 10 - 11

3. 如图 10－12 所示，图 10－12(a)是把音频放大器等效为一个戴维南电路，图 10－12(b)所示扬声器等效为 8 Ω 电阻。U_{oc}＝12 V，并将 8 Ω 负载接入 ab 端，问扬声器可获多大功率？

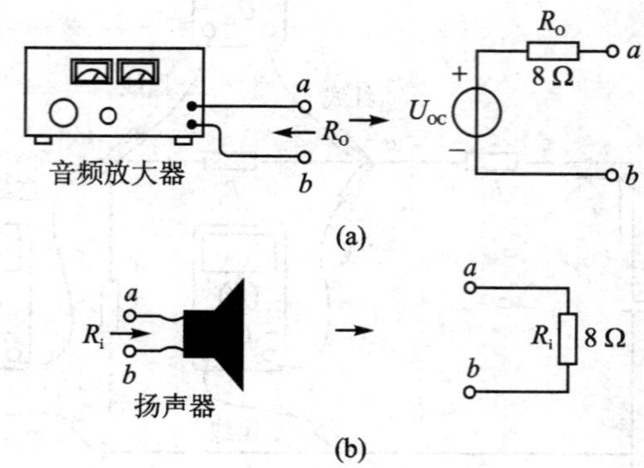

图 10－12

4. 写出图 10－13 中电压有效值的相量形式，图中电压单位为 V。

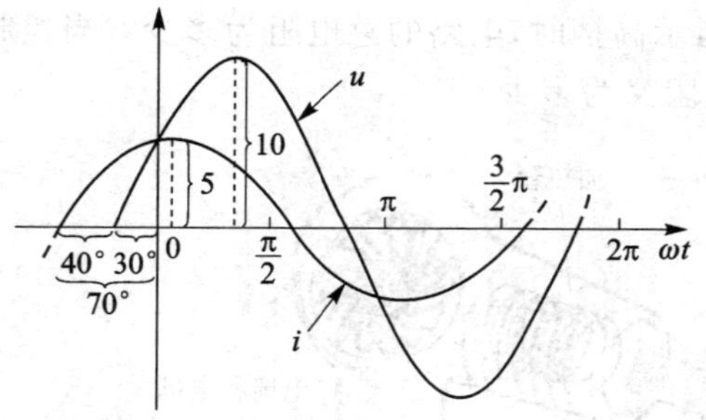

图 10－13

5. 在图 10－14 所示电路中，若电压表测量有效值 U_{v_1}＝30 V，U_{v_2}＝80 V，U_{v_3}＝40 V，问总电压有效值 U_v 为多少？

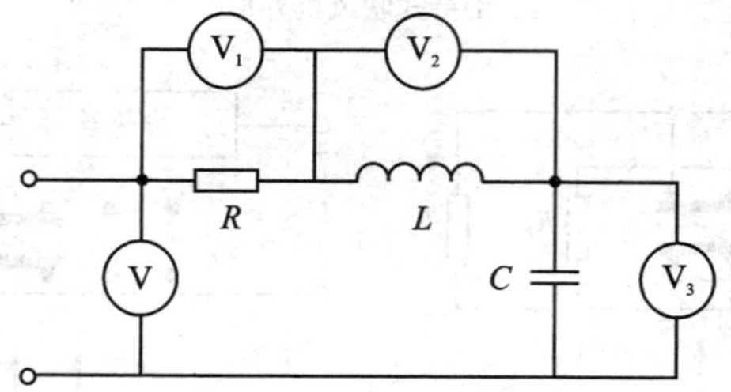

图 10－14

6. 图 10－15(a)是一个电位器(可变电阻)，图 10－15(b)是图 10－15(a)的结构图，图 10－15(c)是测量电位器阻值的方法。在图(c)中，R_{bc}的值多少？

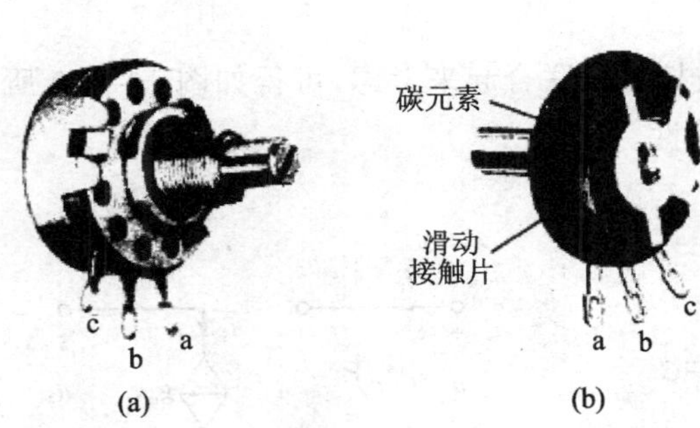

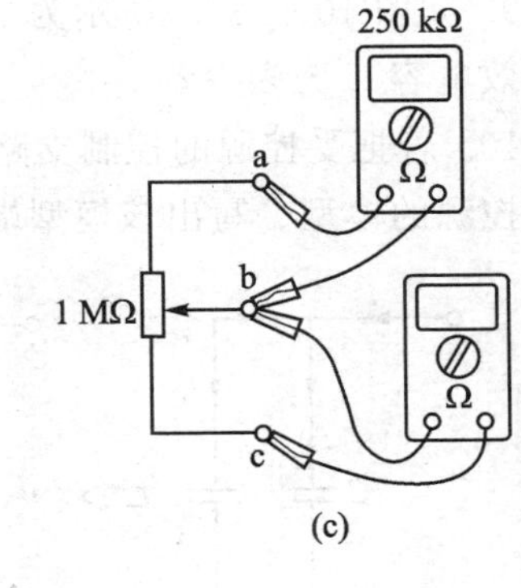

图 10－15

7. 若把受控源的控制支路和被控支路联合起来考虑，可得如图 10－16 所示的线性受控源的模型，写出该模型的端口特性。

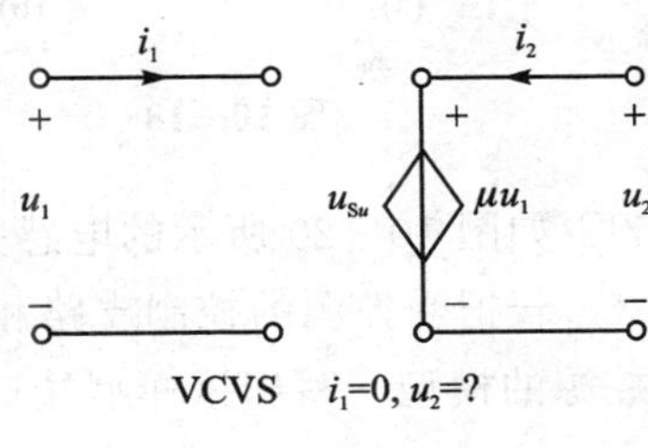

图 10－16

8. 图 10－17(a)和图 10－17(b)分别为音频放大器及其等效戴维南电路及物声器及其等效戴维南电路，如图 10－17(c)所示为将音频放大器和扬声器串联使用，计算每个扬声器获得的功率。

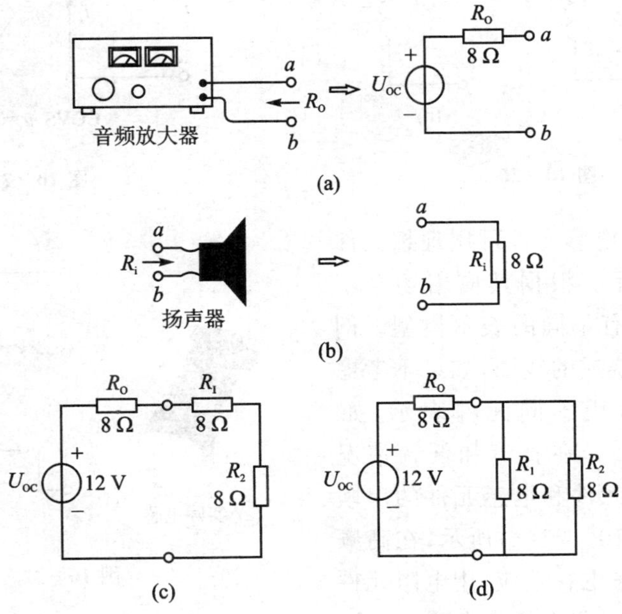

图 10－17

9. 如图 10－18(a)所示为电容并联电路，图 10－18(b)所示为其等效电路，计算其等效电容 C 为多少？

10. 若把受控源的控制支路和被控支路联合起来考虑，可得如图 10－19 所示线性受控源的模型。写出该模型端口特性。

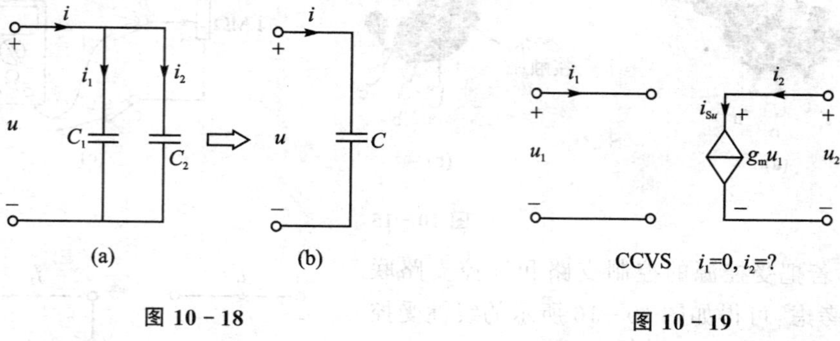

图 10－18

图 10－19

11. 如图 10－20 所示的电感并联电路，其等效电感 L 为多少？

12. 若把受控源的控制支路和被控支路联合起来考虑，可得如图 10－21 所示线性受控源的模型。写出该模型端口特性。

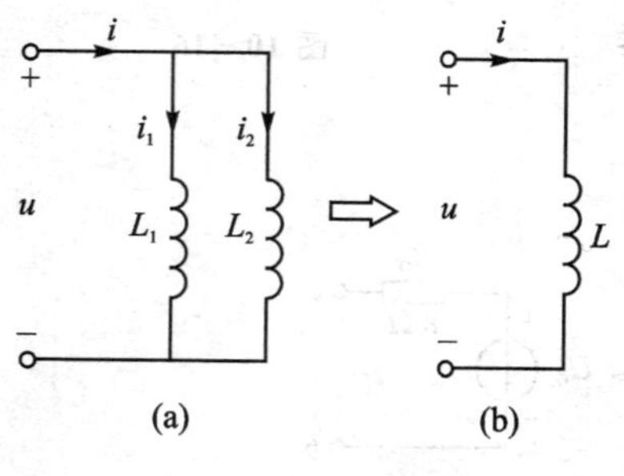

图 10－20

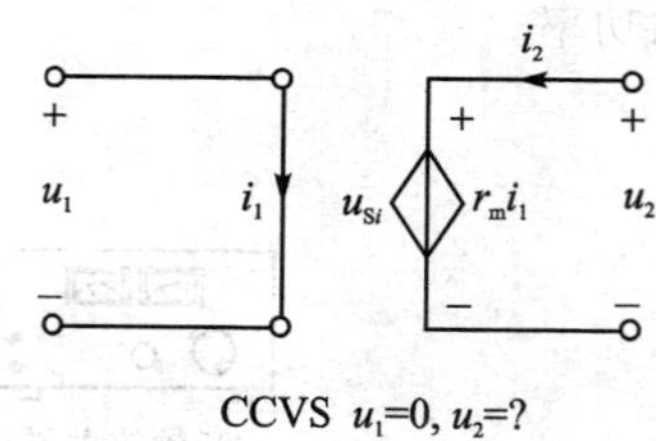

图 10－21

13. 实际的电感元件可用理想元件组成的模型表示。根据其应用场合不同，同一种元件有不同的表示模型。例如，一个用导线绕成的线圈，如果不考虑导线的电阻，可用不同元件表示，如图 10－22(b)所示，在直流和低频情况下，可以用电阻元件和电感元件的串联组合表示，如图 10－22(c)所示，在高频情况下，还要考虑电容效应，用电阻元件感元件和电容键的组合模型表示，如图 10－22(d)所示，在三种模型下，它们的阻抗如何表示？

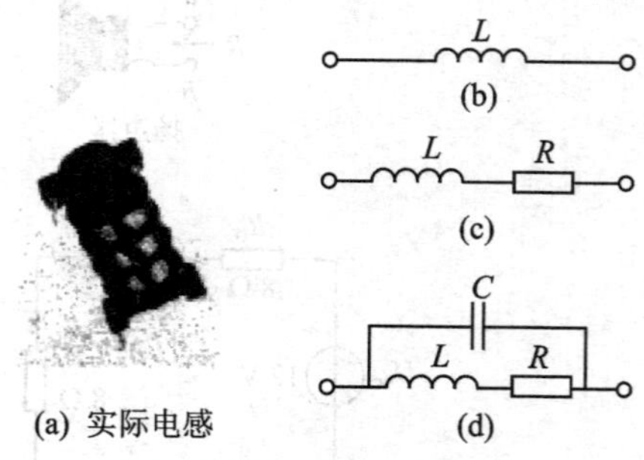

图 10－22

14. 图 10－23 所示电路是电容串联电路，其等效电容 C 为多少？

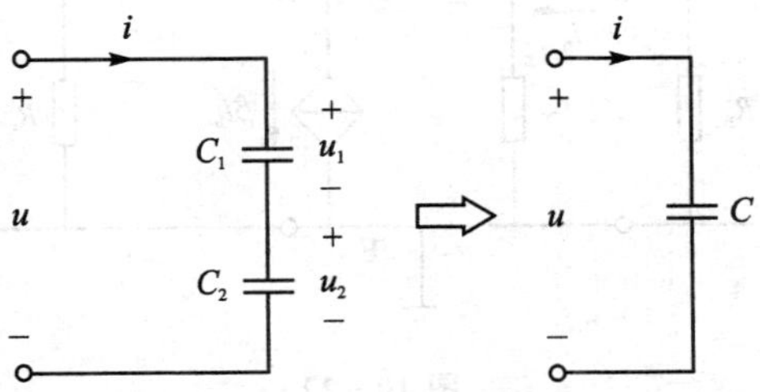

图 10－23

15. 图 10－24 中为示波器测得的电压 U_1 和 U_2 波形：问 U_2 超前还是滞后 U_1？

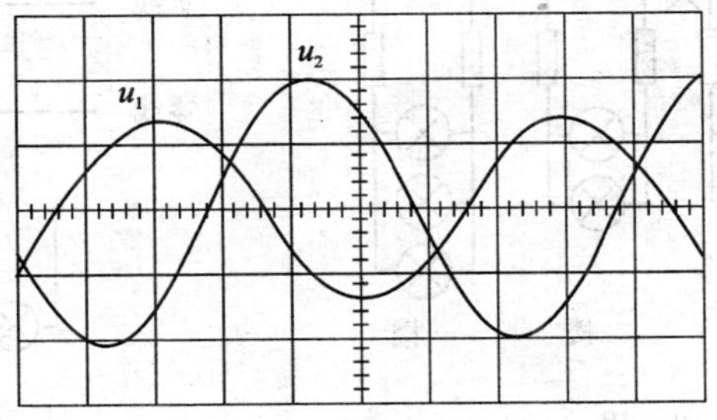

图 10－24

16. 若把受控源的控制支路和被控支路联合起来考虑，可得如图 10－25 线性受控源的模型，写出该模型端口特性？

17. 如图 10－26 所示电感串联电路，其等效电感 L 为多少？

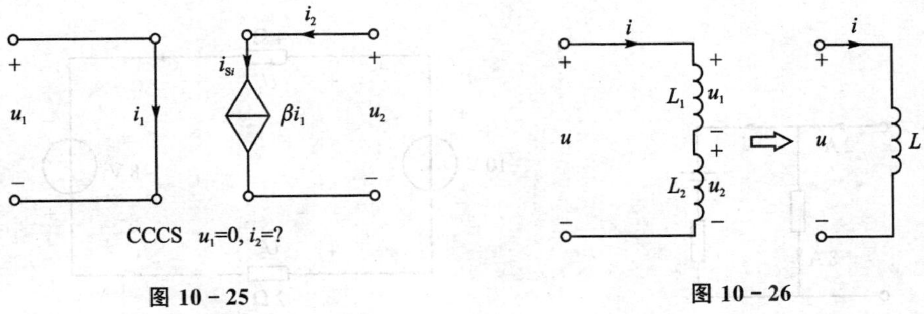

图 10－25　　　　图 10－26

18. 如图 10－27 所示，该电路为某晶体管放大电路的等效电路。已知图中各元件参数和 β 值。推导出电压放大系数 $K_u = U_o/U_i$ 为多少？

19. 如图 10－28 所示，某栋楼的供电电路发生故障，第二层楼的电灯亮些，第一层楼的照明灯暗淡些，而三层楼的照明灯亮度未变，这是什么原因？

20. 如图 10－29 所示，S_1 是光控开关，夜晚自动闭合，白天断开；S_2 是声控开关，有声音时自动闭合，安静时断开。请把下图连接成声光控楼道节能照明电路。

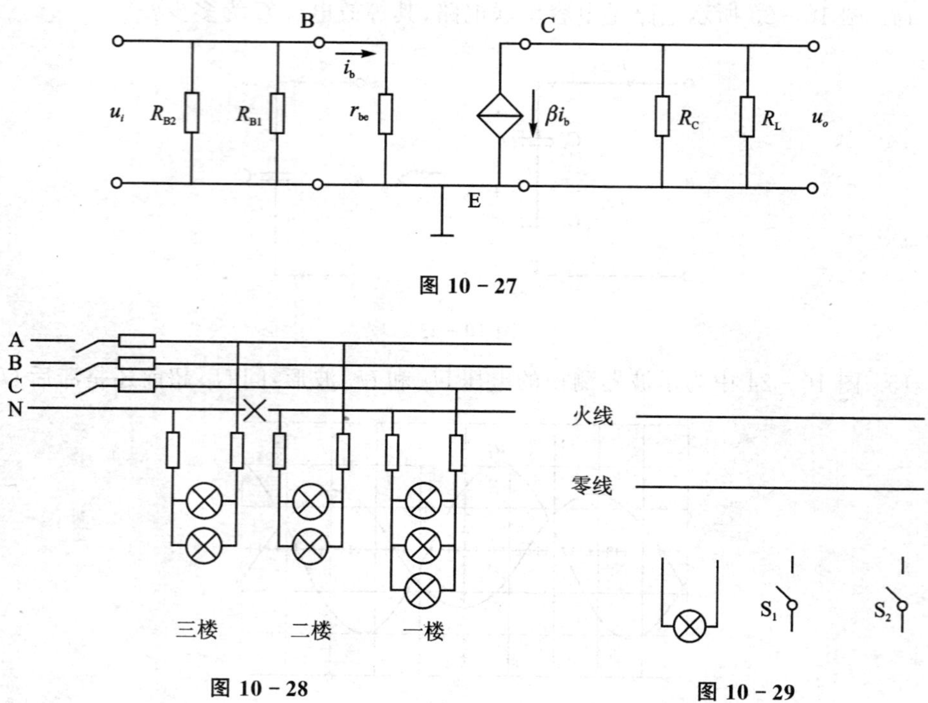

图 10-27

图 10-28

图 10-29

(五) 计算题

1. 求图 10-30 所示电路中的电流 i。
2. 如图 10-31 所示的直流电路，求电压 U_1 和 U_2。

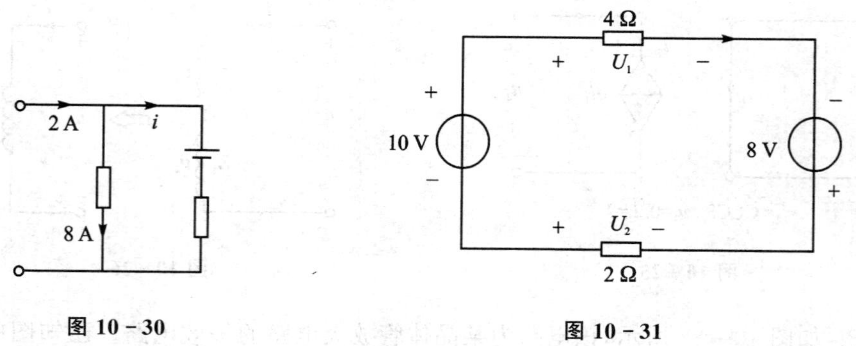

图 10-30

图 10-31

3. 求图 10-32 所示电路的戴维南等效电路。
4. 电路如图 10-33 所示，求电路中 a 点的电位。

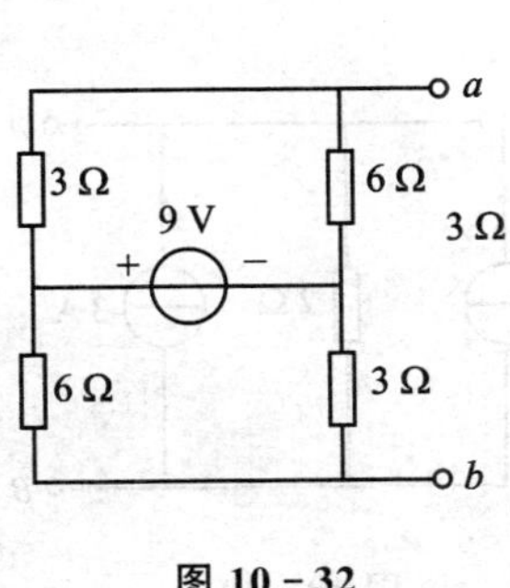

图 10－32

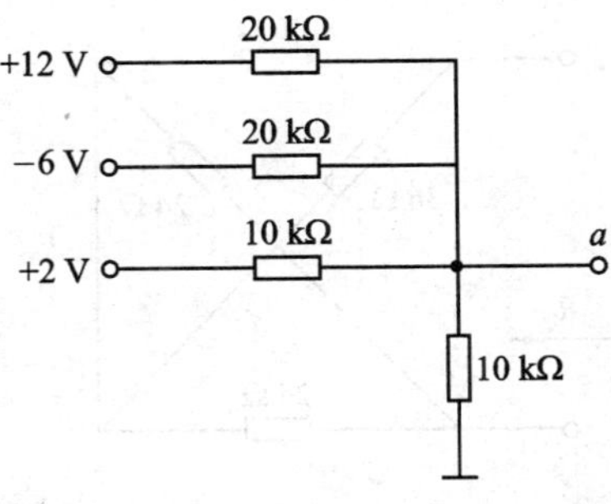

图 10－33

5．求图 10－34 中的 i_1 和 i_2。

6．求图 10－35 中所示有源单口网络的戴维南等效电路。

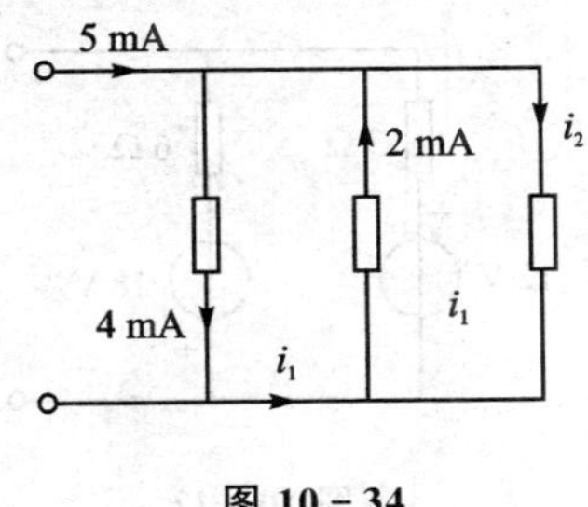

图 10－34

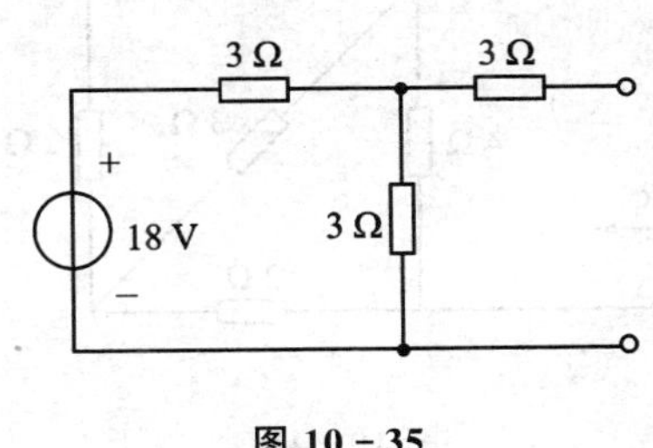

图 10－35

7．求出如图 10－36 所示电路中等效电阻 R_{ab}。

8．将图 10－37 所示电路图化简为电压源模型。

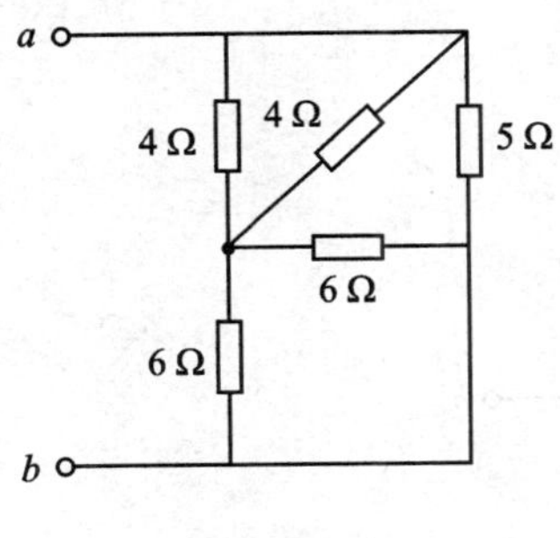

图 10－36

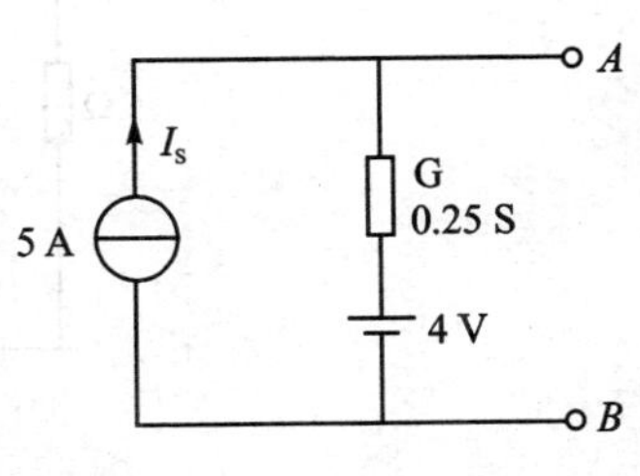

图 10－37

9．求出图 10－38 电路中的戴维南等效电路。

10．求出图 10－39 中电路的等效电阻 R。

11．如图 10－40 所示，把电路化简为电压源模型。

12．求如图 10－41 所示电路的等效电阻 R。

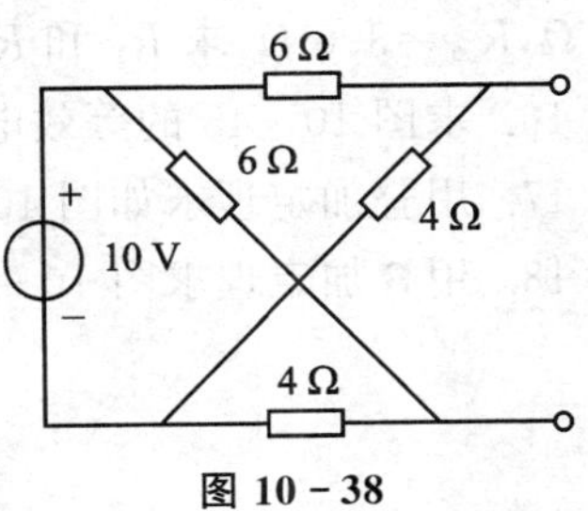

图 10－38

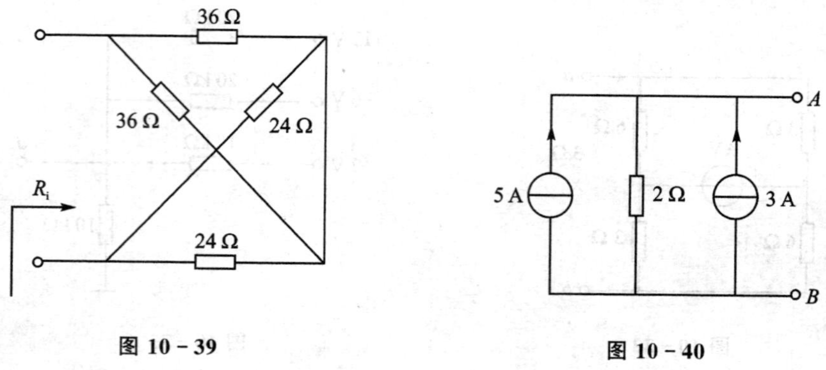

图 10－39　　图 10－40

13. 如图 10－42 所示，把电路化简为电流源模型。

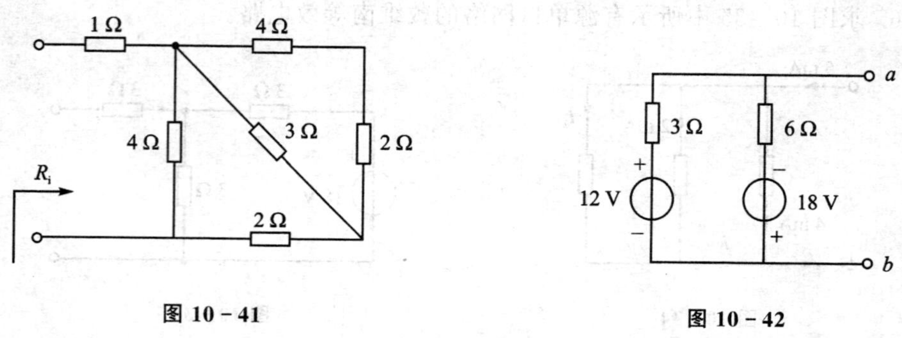

图 10－41　　图 10－42

14. 如图 10－43 所示，把电路化简为电流源模型。

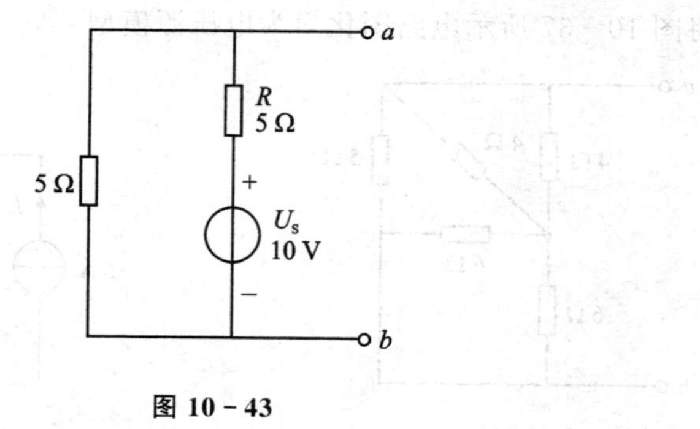

图 10－43

15. 图 10－44 所示为电视机输入电路中的 10∶1 衰减器，已知 $U_1=10U_2$，$R_3=300\ \Omega$，$R_{ab}=300\ \Omega$，求 R_1 和 R_2 的值是多少？

16. 求图 10－45 的等效电阻 R_{ab} 为多少？

17. 用叠加定理求如图 10－46 所示电路电压 U。

18. 用叠加定理求图 10－47 所示电路 I。

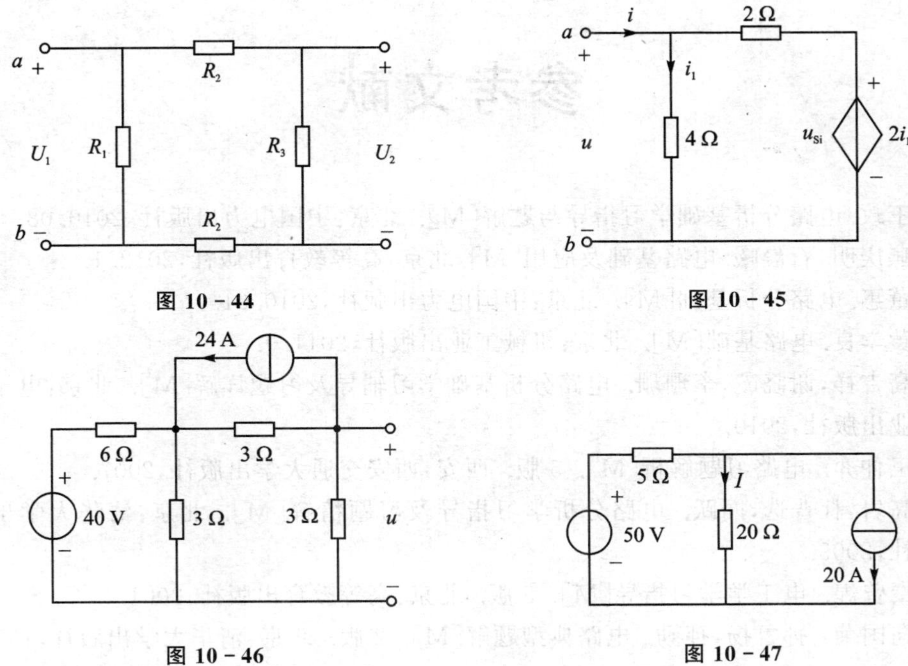

图 10-44

图 10-45

图 10-46

图 10-47

19. 如图 10-48 所示电路，设 $R=10\ \Omega$，$L=1\ \text{H}$，$C=0.005\ \text{F}$，$u_S(t)=100\sqrt{2}\sin(20t)$V 试求电流 $i(t)$、$U_C(t)$、$U_R(t)$和 $U_L(t)$。

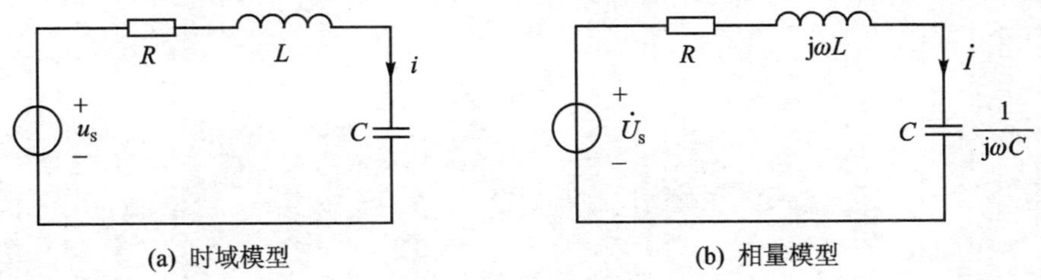

(a) 时域模型

(b) 相量模型

图 10-48

20. 有一串联电路如图 10-49 所示，已知 $R=10\ \Omega$，$X_L=20\ \Omega$，$X_C=10\ \Omega$，$U=200$ V，求整个电路的有功功率 P、无功功率 Q、视在功率 S。

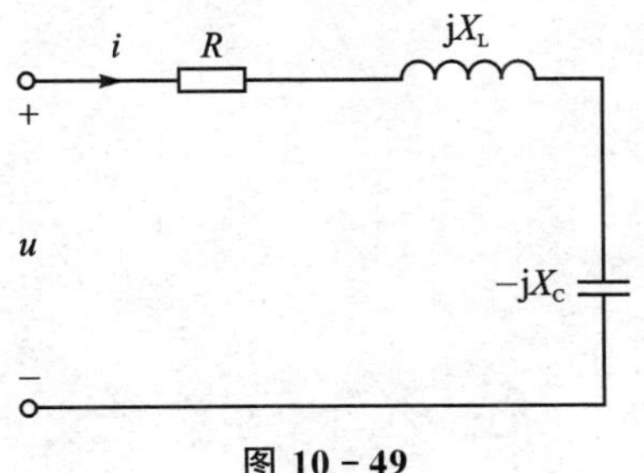

图 10-49

参考文献

[1] 王玫. 电路分析基础学习指导与题解[M]. 北京:中国电力出版社,2010.08.

[2] 燕庆明,石晨曦. 电路基础及应用[M]. 北京:高等教育出版社,2012.1.

[3] 董惠. 电路分析基础[M]. 北京:中国电力出版社,2010.01.

[4] 黄学良. 电路基础[M]. 北京:机械工业出版社,2011.9.

[5] 高吉祥,谢晓霞,李珊珊. 电路分析基础学习辅导及习题详解[M]. 北京:电子工业出版社,2010.

[6] 王仲奔. 电路习题解析[M]. 5 版. 西安:西安交通大学出版社,2007.

[7] 高岩,杜普选,闻跃. 电路分析学习指导及习题精解[M]. 北京:清华大学出版社,2005.

[8] 秦曾煌. 电工学学习指导[M]. 5 版. 北京:高等教育出版社,2001.

[9] 向国菊, 孙鲁扬,孙勤. 电路典型题解[M]. 2 版. 北京:清华大学出版社,1995.